法国标准

混凝土：超高性能纤维增强混凝土

——规范、性能、生产和合格评定

NF P 18-470

[法] 法国标准化协会（AFNOR）

欧洲结构设计标准译审委员会 **组织翻译**

樊 伟 朱 平 晏班夫 赵 华 **译**

黄政宇 屈闻聪 丁 遥 **一审**

史才军 **二审**

周 良 李雪峰 **三审**

人民交通出版社股份有限公司

北 京

图书在版编目(CIP)数据

法国标准 混凝土:超高性能纤维增强混凝土——规范、性能、生产和合格评定 NF P 18-470 / 法国标准化协会(AFNOR)组织编写;樊伟等译. — 北京:人民交通出版社股份有限公司, 2019.11

ISBN 978-7-114-16198-8

Ⅰ. ①法… Ⅱ. ①法… ②樊… Ⅲ. ①混凝土—建筑规范—法国 Ⅳ. ①TU528

中国版本图书馆 CIP 数据核字(2019)第 295608 号

著作权合同登记号:图字 01-2019-7654

Faguo Biaozhun Hunningtu:Chaogao Xingneng Xianwei Zengqiang Hunningtu——Guifan Xingneng Shengchan he Hege Pingding

书　　名: 法国标准 混凝土:超高性能纤维增强混凝土——规范、性能、生产和合格评定 NF P 18-470
著 作 者: 法国标准化协会(AFNOR)
译　　者: 樊 伟 朱 平 晏班夫 赵 华
责任编辑: 屈闻聪 王景景
责任校对: 刘 芹
责任印制: 刘高彤
出版发行: 人民交通出版社股份有限公司
地　　址: (100011)北京市朝阳区安定门外外馆斜街 3 号
网　　址: http://www.ccpress.com.cn
销售电话: (010)59757973
总 经 销: 人民交通出版社股份有限公司发行部
经　　销: 各地新华书店
印　　刷: 三河市国新印装有限公司
开　　本: 880×1230 1/16
印　　张: 7.5
字　　数: 162 千
版　　次: 2019 年 11 月 第 1 版
印　　次: 2019 年 11 月 第 1 次印刷
书　　号: ISBN 978-7-114-16198-8
定　　价: 140.00 元
(有印刷、装订质量问题的图书,由本公司负责调换)

出 版 说 明

包括本标准在内的欧洲结构设计标准(Eurocodes)及其英国附件、法国附件和配套设计指南的中文版,是2018年国家出版基金项目“欧洲结构设计标准翻译与比较研究出版工程(一期)”的成果。

在对欧洲结构设计标准及其相关文本组织翻译出版过程中,考虑到标准的特殊性、用户基础和应用程度,我们在力求翻译准确性的基础上,还遵循了一致性和有限性原则。在此,特就有关事项作如下说明:

1. 本标准中文版根据法国标准化协会(AFNOR)提供的法文版进行翻译,仅供参考之用,如有异议,请以原版为准。

2. 中文版的排版规则原则上遵照外文原版。

3. Eurocode(s)是个组合再造词。本标准及相关标准范围内,Eurocodes 特指一系列共10部欧洲标准(EN 1990 ~ EN 1999),旨在为房屋建筑和构筑物及建筑产品的设计提供通用方法;Eurocode 与某一数字连用时,特指EN 1990 ~ EN 1999 中的某一部,例如,Eurocode 8 指 EN 1998 结构抗震设计。经专家组研究,确定 Eurocode(s)宜翻译为“欧洲结构设计标准”,但为了表意明确并兼顾专业技术人员用语习惯,在正文翻译中保留 Eurocode(s)不译。

4. 书中所有的插图、表格、公式的编排以及与正文的对应关系等与外文原版保持一致。

5. 书中所有的条款序号、括号、函数符号、单位等用法,如无明显错误,与外文原版保持一致。

6. 在不影响阅读的情况下书中涉及的插图均使用外文原版插图,仅对图中文字进行必要的翻译和处理;对部分影响使用的外文原版插图进行重绘。

7. 书中涉及的人名、地名、组织机构名称以及参考文献等均保留外文原文。

特别致谢

本标准的译审由以下单位和人员完成。湖南大学的樊伟、朱平、晏班夫、赵华承担了主译工作,湖南大学的黄政宇、人民交通出版社股份有限公司的屈闻聪和丁遥、湖南大学的史才军、上海市城市建设设计研究总院(集团)有限公司的周良和李雪峰承担了主审工作。他(她)们分别为本标准的翻译工作付出了大量精力。在此谨向上述单位和人员表示感谢!

欧洲结构设计标准译审委员会

欧洲结构设计标准译审委员会总体组

ISSN 0335-3931

NF P 18-470

2016 年 7 月 29 日

法国标准

分类索引号:P 18-710

ICS:91.100.30

法国标准
混凝土:超高性能纤维增强混凝土——
规范、性能、生产和合格评定
NF P 18-470

英文版名称:Ultra-high performance fibre-reinforced concrete—Specifications, performance, production and conformity

德文版名称:Beton—Faserbewehrte Ultrahochleistungsbetone—Festlegung, Eigenschaften, Herstellung und Konformität

发布	本标准由法国标准化协会(AFNOR)主席批准。
相关内容	在本标准发布之日,不存在相同主题的欧洲或国际文件。
提要	本标准涉及超高性能纤维增强混凝土(下文简称"UHPFRC"),用于建(构)筑物中(特别是用于连接、防护和修补时)的预制结构及其构件、现浇结构及其构件、结构中的现浇部件。
关键词	**国际技术术语**:混凝土、纤维、钢、聚合物、混凝土结构、定义、分类、名称、规范、耐磨性、稠度、尺寸、热处理、抗压强度、密度(质量/体积)、组分混合物、选择、水泥、使用、集料、水、添加剂、混凝土外加剂、暴露、耐久性、质量控制、合格性测试、抗压试验、抗弯试验、抗拉试验、耐磨试验。
修订	
勘误	

法国标准化协会(AFNOR)出版发行—地址:11, rue Francis de Pressensé—邮编:93571 La Plaine Saint-Denis

电话:+ 33 (0)1 41 62 80 00—传真:+ 33 (0)1 49 17 90 00 — 网址:www. afnor. org

2016-07-P 版

标　　准

标准是经济、科学、技术和社会相关各方的基础。

本质上而言,采用标准是自愿的。合同中有约定时,标准则对签订合同的各方均有约束力。法律可以规定强制实施全部或部分标准。

标准是在考虑了所有利益相关代表方的标准化机构内达成一致意见的文件。标准在被批准前,会被提交给公共咨询机构。

为了评估标准随时间变化的适用性,需要定期审查标准。

任何标准自标准首页所指明的日期起生效。

标准的理解

读者需注意以下几点:

使用词语“应”是用来表达某一项或多项规定应被满足。这些规定可以出现在标准的正文中,或在所谓的“标准的”附录中。在试验方法中,使用祈使语气的表述对应此项规定。

使用词语“宜”是用来表示一种可能性,这种可能性被优先考虑,但不是必须按本标准执行的。词语“可”是用于表述一种可行的,但不是强制性的忠告、建议或许可。

此外,本标准可能提供补充信息,旨在使某些内容更易于理解和使用,或阐明这些内容如何被应用,这些信息并不是以定义某项规定的形式给出。这些信息以附注或附录的方式提供。

标准化委员会

标准化委员会具备相关的专业知识,在指定的领域内工作,为提出相关的法国标准做准备工作,并可确立法国在欧洲和国际相关标准草案方面的突出地位。本委员会也可能在试验标准和技术报告方面做相关的准备工作。

如果读者想对本文件反馈任何意见,提供建议性变动或欲参与本标准的修订,请发邮件至“norminfo@ afnor. org”。

如果编制委员会的专家所属机构不是其常属机构,则以下表中的信息为准。

混凝土结构设计分委员会　BNCM CNCMET

标准化委员会

主席:KRETZ　先生

秘书:HESLING　先生—AFNOR

委员:(按姓氏、先生/女士、单位列出)

ARNAUD	女士	CEREMA CENTRE EST
BAROGHEL-BOUNY	女士	IFSTTAR
BERNARD	先生	SAINT GOBAIN SEVA
BESSE	先生	BETON VICAT(SNBPE — SYNDICAT NATIONAL BETON PRET A L'EMPLOI)
BODET	先生	UNPG
BONNET	先生	BNLH
BOULE	先生	EDF CEIDRE
BOUTAHIR	先生	BNTEC
BREDY TUFFE	女士	CONDENSIL
BRIET	先生	DGALN-DG AMENAGEMENT LOGEMENT NATURE
BURDIN	先生	JACQUES BURDIN INGENIEUR CONSEIL
CAPRA	女士	LAFARGE CIMENTS (ATILH)
CHAAL	先生	FERROPEM
CHEVILLON	先生	AFNOR CERTIFICATION
COLLIN	先生	LAFARGE BETONS FRANCE(SNBPE—SYNDICAT NATIONAL BETON PRET A L'EMPLOI)
CREMOUX	先生	EQIOM BETONS(SNBPE—SYNDICAT NATIONAL BETON PRET A L'EMPLOI)
CUSSIGH	先生	VINCI CONSTRUCTION FRANCE (FNTP—FED. NAT. TRAVAUX PUBLICS)
DE RIVAZ	先生	AFNOR EXPERTS
DEHAUDT	先生	CERIB
DELAIR	女士	GINGER CEBTP
DIERKENS	先生	CEREMA CENTRE EST
DIVET	先生	IFSTTAR
ESTRADE	先生	BETON VICAT(SNBPE-SYNDICAT

		NATIONAL BETON PRET A L'EMPLOI)
FEUILLARD	女士	GINGER CEBTP
FONTENY	先生	UNPG
FOURMENT	先生	CEMEX FRANCE SERVICES (SNBPE—SYNDICAT NATIONAL BETON PRET A L'EMPLOI)
FRANCISCO	先生	CERIB
GENEREUX	先生	CEREMA DTITM
GERMANEAU	先生	CIMENTS CALCIA SAS (ATILH)
GODART	先生	IFSTTAR
GOLHEN	女士	SPI—STE PROMOTION INDUSTRIELLE & ENERGETIQUE
GONNON	先生	OMYA SAS
GUERINET	先生	MICHEL GUERINET (EGF BTP)
GUILLOT	先生	LAFARGE(SNBPE—SYNDICAT NATIONAL BETON PRET A L'EMPLOI)
GUITON	先生	CMF PRODUCTS SAS
HAZIME	先生	SURSCHISTE SA
HETIER	先生	EDF CEIDRE
IZORET	先生	BNLH
JEANPIERRE	先生	EDF CEIDRE
KRETZ	先生	IFSTTAR
LAINE	先生	FIB—FEDERATION DE L'INDUSTRIE DU BETON
LARIVE	女士	CETU—CENTRE D ETUDE DES TUNNELS
LAURENCE	先生	OCV CHAMBERY INTERNATIONAL
MAHUT	女士	IFSTTAR
MANSOUTRE	女士	VICAT—LMM (ATILH)
MONNANTEUIL	先生	OCV CHAMBERY INTERNATIONAL
MUSIKAS	先生	NICOLAS MUSIKAS C/O ECOCEM FRANCE (ECOCEM FRANCE)
NAPROUX	先生	SIBELCO FRANCE
NGO BIBINBE	女士	FNTP—FED. NAT. TRAVAUX PUBLICS
PICOT	先生	CONDENSIL
PILLARD	先生	EGF BTP
POTIER	先生	SNBPE—SYNDICAT NATIONAL BETON PRET A L'EMPLOI
REYNARD	先生	CTPL-CTRE TECH. PROMO. LAITIERS SIDERURGIQUES
RIZZO	先生	ECOCEM FRANCE

ROBIN	先生	SA COLAS MIDI MEDITERRANEE (ARGECO DEVELOPPEMENT)
ROLAND	先生	BEKAERT FRANCE SAS
ROUGEAU	先生	CERIB
SERRI	先生	UMGO—UNION MACONNERIE GROS OEUVRE
TARDY	先生	ARGECO DEVELOPPEMENT
THIERRY	先生	EDF CIT
TOUTLEMONDE	先生	IFSTTAR
TRINH	先生	JACQUES TRINH
WAGNER	先生	BNIB
WALLER	先生	UNIBETON(SNBPE—SYNDICAT NATIONAL BETON PRET A L'EMPLOI)
WOLF	先生	SERSID

本标准由工作组 AFNOR/P18B/GE BFUP"超高性能纤维增强混凝土"的成员所准备

组员:(按姓氏、先生/女士、单位列出)

BAROGHEL - BOUNY	女士	IFSTTAR
BERNARD	先生	SAINT GOBAIN SEVA
BERNARDI	先生	LAFARGE
BREDY TUFFE	女士	CONDENSIL
BRUGEAUD	先生	MATIERE(FIB—FEDERATION DE L'INDUSTRIE DU BETON)
CHANUT	女士	EIFFAGE INFRASTRUCTURES GESTION & DEVELOPPEMENT(FNTP—FED. NAT. TRAVAUX PUBLICS)
CORVEZ	先生	LAFARGE (ATILH)
CUSSIGH	先生	VINCI CONSTRUCTION France(FNTP—FED. NAT. TRAVAUX PUBLICS)
DELAVAL	先生	BONNA SABLA SNC(FIB—FEDERATION DE L'INDUSTRIE DU BETON)
DELORT	先生	ATILH
FONOLLOSA	先生	BOUYGUES TRAVAUX PUBLICS(FNTP—FED. NAT. TRAVAUX PUBLICS)
FRANCISCO	先生	CERIB
GERMANEAU	先生	CIMENTS CALCIA SAS (ATILH)
GUERINET	先生	MICHEL GUERINET (EGF BTP)
HENRI	先生	BONNA SABLA SNC(FIB—FEDERATION DE L'INDUSTRIE DU BETON)
HEYRAUD	先生	DELTA PREFABRICATION(FIB—FEDERATION DE L'INDUSTRIE DU

		BETON)
IZORET	先生	BNLH
MARCHAND	先生	IFSTTAR
MARTIN	先生	SA COLAS MIDI MEDITERRANEE (ARGECO DEVELOPPEMENT)
NOWORYTA	先生	CIMENTS CALCIA SAS (ATILH)
PILLARD	先生	EGF BTP
PIMIENTA	先生	CSTB
POTIER	先生	SNBPE—SYNDICAT NATIONAL BETON PRET A L'EMPLOI
ROGAT	先生	SIGMA BETON
ROLAND	先生	BEKAERT FRANCE SAS
ROUGEAU	先生	CERIB
SHINK	女士	CENTRE TECHNIQUE GROUPE(SNBPE—SYNDICAT NATIONAL BETON PRET A L'EMPLOI)
SIMON	先生	EIFFAGE GENIE CIVIL(FNTP—FED. NAT. TRAVAUX PUBLICS)
TARDY	先生	ARGECO DEVELOPPEMENT
TOUTLEMONDE	先生	IFSTTAR
VUILLEMIN	先生	HOLCIM FRANCE BENELUX
WOLF	先生	SERSID

目　　次

前言

2002 年 1 月,法国土木工程协会(AFGC)发布了超高性能纤维增强混凝土(UHPFRC)结构设计规程,其中包括了 UHPFRC 材料的性能、生产和控制规定。为了对反馈意见进行响应,并与 NF EN 1992-1-1(Eurocode 2)协调统一,AFGC 对该设计规程进行了修订。修订版于 2013 年 6 月发布[1]。

由于掺入了足够数量的纤维,UHPFRC 受弯时具有延性,从而使结构无须配置钢筋。此外,UHPFRC 的组成与特性,特别是高含量的胶凝材料,以及通常小于 0.25 的水胶比特性,可降低毛细孔隙,使得 UHPFRC 在抵抗碳化、氯离子渗透、冰冻作用和多种化学侵蚀方面具有超强的耐久性。

UHPFRC 的性能不同于其他高性能和非常高性能的混凝土。因此,它们不能被纳入 NF EN 206/CN:2014,Eurocode 2 也不足以用于 UHPFRC 结构的设计,NF EN 13670/CN[2]则不适用于 UHPFRC 结构的施工。基于法国的相关经验,以下机构进行了共同努力:

—AFNOR/P 18B“混凝土”标准化委员会决定起草本标准,使其独立于 NF EN 206/CN:2014;

—BNTRA/CN EC 2“混凝土结构设计”标准化委员会决定起草 UHPFRC 结构设计标准[混凝土结构设计:超高性能纤维增强混凝土(UHPFRC)法国标准 NF P 18-710:2016],这是对 Eurocode 2(NF EN 1992-1-1 及其国家附件 NF EN 1992-1-1/NA)的补充;

—BNTEC P 18E“混凝土结构施工”标准化委员会决定起草 UHPFRC 结构施工标准(NF P 18-451 混凝土结构的施工-UHPFRC 的特别规定),补充和修改 NF EN 13670/CN[2]。

以 AFGC 的规程为基础出版的这 3 份标准,与经核准的法国标准处于同一地位,目的是为起草涵盖相同范围的欧洲标准奠定基础。

通过采用某种的配合比或者某些未曾被设想过的组分,由此得到的超出本标准规定的 UHPFRC,可能会实现本标准所描述的性能目标,特别是关于非脆性、强度和高耐久性。本标准未涵盖创新型的 UHPFRC,但其可归入技术评估程序,特别是 ATEX(Appréciation Technique d'Expérimentation)的范围内。

引言

AFGC 推荐的超高性能纤维增强混凝土结构设计规程[1]仅涉及应用于结构的UHPFRC。根据法国的经验,这些 UHPFRC 的标准抗压强度至少为 150MPa,并且它们的韧性通过掺入钢纤维来获得,尽管掺入其他纤维也可以获得某种特殊的性能,例如掺入聚丙烯纤维可提高耐火性。

因此,本标准适用于 150/165 级及以上且含有钢纤维的并在 NF P 18-710:2016 中被提及的 UHPFRC。它还涵盖了在 NF P 18-710:2016 中未涉及的,掺入其他类型纤维或强度较低(130MPa)的 UHPFRC。这些 UHPFRC 可被用于非结构性或建筑性的结构中。它们也可被应用于结构中,但需要经过非传统安装施工方式的技术评估程序。

图 1 为标准体系,显示了标准之间的差别。

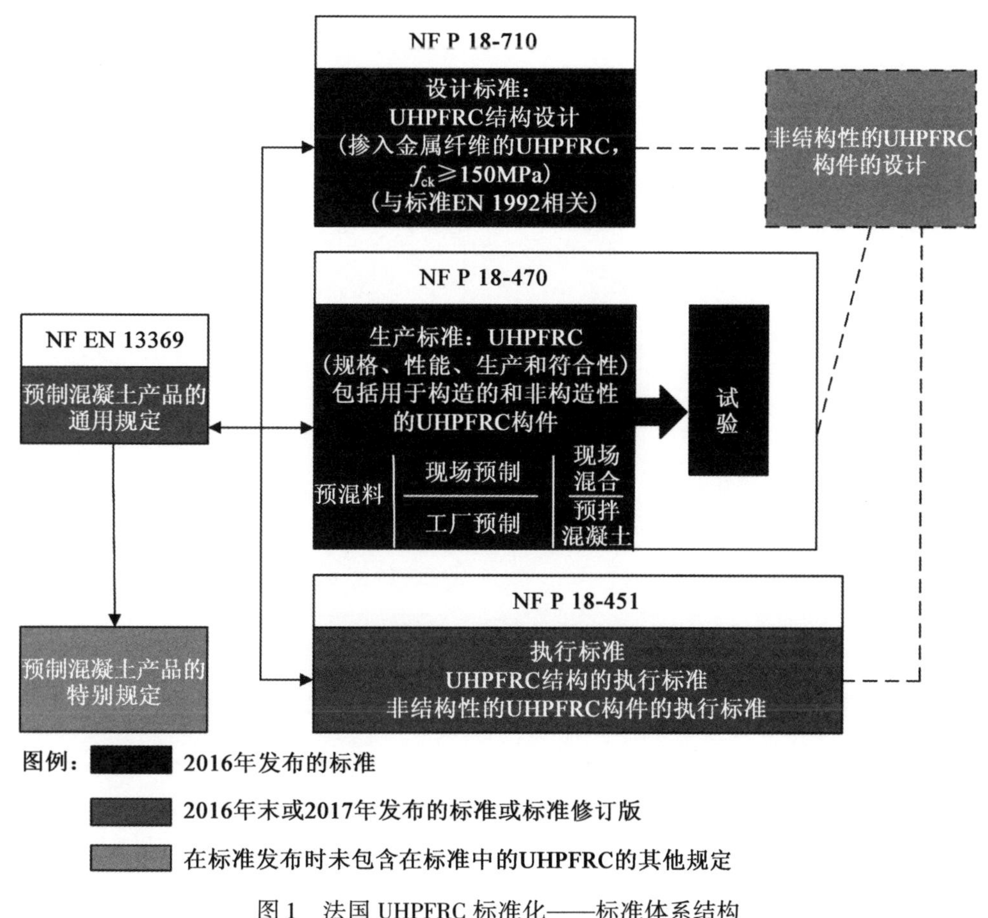

图 1 法国 UHPFRC 标准化——标准体系结构

——一方面：

—本标准涵盖 UHPFRC 并对其进行分类，但不预先判断其应用领域；

—NF P 18-710：2016，给出了 UHPFRC 结构的设计规定；

—NF P 18-451[1)] 制定了 UHPFRC 结构的施工需执行的规定；

—另一方面，通用标准 NF EN 13369：2013 和产品标准适用于 UHPFRC 的预制产品；

—最后，计划中的标准被要求涵盖非结构 UHPFRC 构件的设计和施工。

[1)] 当最新文档出版时需更新。

1 适用范围

本标准适用于超高性能纤维增强混凝土,以下简称 UHPFRC,旨在用于建筑和土木工程结构中的:

—预制结构及其构件;

—现浇结构及其构件;

—结构中的现浇 UHPFRC 部件,特别是用于连接、防护和修补时的部件。

本标准也适用于构造的或非结构性的构件,无论其是预制的还是现浇的。

本标准所涵盖的 UHPFRC 制造与安装须按照 NF P 18-451 进行。它们可以在现场生产,也可以在预拌混凝土工厂,甚至在预制品制造工厂中生产。本标准不包含用于喷射施工的 UHPFRC 的相关规定。

本标准规定的要求适用于以下方面:

—UHPFRC 的组分材料;

—预混料的组分材料(如适用);

—新拌 UHPFRC 和硬化 UHPFRC 及其性能验证;

—UHPFRC 的成分;

—UHPFRC 的规范;

—交付时新拌 UHPFRC 的浇筑和养护;

—为获得要求的性能指标进行的热处理(如适用);

—UHPFRC 的试设计或合格证;

—在生产中使用 UHPFRC 之前进行的适用性试验;

—生产控制程序;

—合格性标准和 UHPFRC 合格性评估。

本标准旨在当生产条件由 UHPFRC 生产及相关人员培训的质量保证体系所保证时,供各方参与者应用。

2 所引用的标准

下列文件对于本标准的应用是必不可少的。凡是注明日期的引用文件,仅注明日期的版本适用于本标准。凡是未注明日期的引用文件,其最新版本(包括所有修订部分)适用于本标准。

NF P 15-317 水硬性胶凝材料——抗海水腐蚀水泥

NF P 15-318 水硬性胶凝材料——限制硫化物含量的预应力混凝土用水泥

FD P 18-011 混凝土——腐蚀性环境的分类[2)]

FD P 18-326 混凝土——法国的冰冻区

NF P 18-451 混凝土结构的实施——UHPFRC 的特殊规定[3)]

NF P 18-459 硬化混凝土试验——孔隙率和密度测试

XP P 18-462 硬化混凝土试验——非稳态条件下加速氯离子迁移试验——确定表观氯离子扩散系数

XP P 18-463:2011 混凝土——硬化混凝土气体渗透性试验

FD P 18-464 混凝土——防止碱-硅反应的规定

FD P 18-503 混凝土表面和饰面——元素识别

NF P 18-508 混凝土掺合料——石灰石掺合料——规范和合格指标

NF P 18-509 混凝土掺合料——硅酸质掺合料——规范和合格性指标

NF P 18-513 混凝土掺合料——偏高岭土——规范和合格性指标

FD P 18-542 集料——水工混凝土用天然集料在碱-集料反应方面的合格标准

NF P 18-545 集料——定义要素、合格性和编码

NF P 18-710:2016 混凝土:超高性能纤维增强混凝土(UHPFRC)

NF EN 196-1 水泥测试方法——第 1 部分:强度测定

NF EN 196-2 水泥测试方法——第 2 部分:水泥化学分析

---

2) 当最新版本出版时须更新。

3) 当最新版本出版时须更新。

NF EN 197-1　水泥——第 1 部分:普通水泥的组成、规范和合格性标准

NF EN 206/CN:2014　混凝土——规范、性能、生产和合格性——对 NF EN 206 的国家补充

NF EN 450-1　混凝土用粉煤灰——第 1 部分:定义、规范和合格性标准

NF EN 933-1　集料几何特性试验——第 1 部分:粒径分布的测定——筛分法

NF EN 934-2 + A1　混凝土、砂浆和水泥浆的外加剂——第 2 部分:混凝土外加剂——定义、要求、合格性、标记和标签

NF EN 1008　混凝土拌合用水——混凝土的拌合用水包括从混凝土工业加工回收水的取样,测试和水的适用性评估规范

NF EN 1770　混凝土结构防护和维修用产品和系统——试验方法——热膨胀系数的测定

NF EN 1990　Eurocode:结构设计基础

NF EN 1992-1-1　Eurocode 2:混凝土结构设计　第 1-1 部分:一般规定和房屋建筑规定

NF EN 1992-1-1/NA　Eurocode 2:混凝土结构设计　第 1-1 部分:一般规定和房屋建筑规定—NF EN 1992-1-1:2005 的国家附件——一般规定和房屋建筑规定

NF EN 1992-1-2　Eurocode 2:混凝土结构设计　第 1-2 部分:一般规定——结构防火设计

NF EN 1992-1-2/NA:2007　Eurocode 2:混凝土结构设计　第 1-2 部分:一般规定——结构防火设计——NF EN 1992-1-2:2005 的国家附件——结构防火设计

NF EN 1992-2:2006　Eurocode 2:混凝土结构设计　第 2 部分:混凝土桥梁——结构设计与细则

NF EN 12350-5　新拌混凝土试验——第 5 部分:流动台试验

NF EN 12350-7　新拌混凝土试验——第 7 部分:含气量——压力法

NF EN 12350-8　新拌混凝土试验——第 8 部分:自密实混凝土——坍落扩展度试验

NF EN 12390-1　硬化混凝土试验——第 1 部分:试样和模具的形状、尺寸及其他要求

NF EN 12390-2　硬化混凝土试验——第 2 部分:强度试验的试样制备和养护

NF EN 12390-3:2012　硬化混凝土试验——第 3 部分:试样的抗压强度

NF EN 12390-7　硬化混凝土试验——第 7 部分:硬化混凝土的密度

NF EN 12390-13:2014　硬化混凝土试验——第 13 部分:割线压缩弹性模量的

测定

NF EN 12620 + A1　混凝土集料

NF EN 12878　水泥和(或)石灰基建筑材料着色用颜料规范和试验方法

NF EN 13263-1 + A1　混凝土用硅灰——第 1 部分:定义、要求和合格标准

NF EN 13369:2013　预制混凝土产品的通用规定

NF EN 13501-1 + A1　建筑产品和建筑构件的火灾分类——第 1 部分:使用对燃烧试验反应的试验数据进行分类

NF EN 13577　混凝土的化学侵蚀——水中侵蚀性二氧化碳含量的测定

NF EN 14889-1　混凝土纤维——第 1 部分:钢纤维——定义、规范和合格性

NF EN 14889-2　混凝土纤维——第 2 部分:聚合物纤维——定义、规范和合格性

NF EN 15167-1　在混凝土、砂浆和水泥浆中使用的研磨粒化高炉矿渣——第 1 部分:定义、规格和合格标准

NF EN 16502　根据 Baumann-Gully 测定土的酸度的试验方法

ISO 4316　表面活性剂——水溶液 pH 值的测定——电位法

ISO 7150-2　水质——铵的测定——第 2 部分:自动光谱法

NF EN ISO 7980　水质——钙和镁的测定——原子吸收光谱法

ASTM C230/C230M　水硬性水泥试验用流量表的标准规范

3 术语、定义、符号和缩写

下列术语与定义适用于本标准。

3.1 源自或修改自标准 NF EN 206/CN:2014 的术语与定义

3.1.1 一般规定

3.1.1.1 混凝土(béton)

由水泥、粗集料、细集料和水混合搅拌制备而成,可以根据需要加入外加剂、掺合料或纤维,材料性能通过水化反应获得。

注1:本标准中所涉及的混凝土特指 NF P18-470 中 3.2.1 所定义的超高性能纤维增强混凝土,不一定含有碎石。

[来源:NF EN 206/CN:2014,修改后的 3.1.1.1——增加附注]

3.1.1.2 交付(livraison)

生产商交付新拌 UHPFRC 的过程。

[来源:NF EN 206/CN:2014,修改后的 3.1.1.3——将定义中的“混凝土”替换为“超高性能纤维增强混凝土(UHPFRC)”]

3.1.1.3 特制 UHPFRC(BFUP à propriétés spécifiées)

若为 UHPFRC 指定了其所需性能和附加特性,生产商负责提供符合所需性能和附加特性的 UHPFRC。

注1:UHPFRC 是一类可被设计的混凝土;它不是由 NF EN 206/CN:2014 中 3.1.1.10 所规定配合比的混凝土,因为按照这些材料组分,并不足以确保材料获得所需的性能指标。

[来源:NF EN 206/CN:2014,修改后的 3.1.1.4——将定义中的“混凝土”替换为“UHPFRC”,并增加附注]

3.1.1.4 设计使用年限(durée d'utilisation prévue au projet)

在预定的养护条件下,结构或结构构件无须进行大修,即可按预定目的使用的年限。

[来源:NF EN 206/CN:2014,3.1.1.5]

3.1.1.5 环境作用(actions dues à l'environnement)

在 UHPFRC 结构设计中未被视为荷载,但其对 UHPFRC、其增强材料或预埋在 UHPFRC 中的金属产生影响的化学和物理作用。

[来源:NF EN 206/CN:2014,修改后的 3.1.1.7——将"混凝土"替换为"UHPFRC",并在定义中增加"其组分"]

3.1.1.6 预制构件(élément préfabriqué)

在最终使用地点以外的地方浇筑和养护的 UHPFRC 构件(工厂生产或现场制造)。

[来源:NF EN 206/CN:2014,修改后的 3.1.1.8——在定义中将"混凝土"替换为"UHPFRC"]

3.1.1.7 生产商(producteur)

生产新拌 UHPFRC 的个人或机构。

[来源:NF EN 206/CN:2014,修改后的 3.1.1.11——在定义中将"混凝土"替换为"UHPFRC"]

3.1.1.8 预拌 UHPFRC(BFUP prêt à l'emploi)

由非用户的个人或机构向用户交付的新拌 UHPFRC,包括以下两种情况:

—UHPFRC 在使用地点以外由用户制备;

—UHPFRC 在使用地点由非用户制备。

[来源:NF EN 206/CN:2014,修改后的 3.1.1.13——在定义中将"混凝土"替换为"UHPFRC"]

3.1.1.9 现拌 UHPFRC(BFUP de chantier)

在施工现场由用户制备供自己使用的 UHPFRC。

[来源:NF EN 206/CN:2014,修改后的 3.1.1.15——在定义中将"混凝土"替

换为“UHPFRC”]

3.1.1.10 现场(施工现场)[chantier(chantier de construction)]

进行施工的区域。

3.1.1.11 UHPFRC 的标准(spécification du BFUP)

向生产商提供的关于性能技术要求的最终文件汇编,该汇编可能是由多名制定人员提出的许多附加技术参数组成的。

[来源:NF EN 206/CN:2014,修改后的 3.1.1.17——在标题中用“UHPFRC”代替“混凝土”]

3.1.1.12 标准制定者(prescripteur)

制定新拌和硬化 UHPFRC 标准的个人或机构。

注 1:根据合同条款和情况,标准制定者可能是下列中的一个或几个:主承包商、项目业主、承包商或者预制构件制造商。

[来源:NF EN 206/CN:2014,修改后的 3.1.1.18——在定义中将“混凝土”替换为“UHPFRC”]

3.1.2 组分材料

3.1.2.1 掺合料(addition)

为改善 UHPFRC 某些性能或使其获得特殊性能而掺入的无机细粒组分材料。

[来源:NF EN 206/CN:2014,修改后的 3.1.2.1——在定义中将“混凝土”替换为“UHPFRC”]

3.1.2.2 外加剂(adjuvant)

在搅拌 UHPFRC 过程中添加的低用量组分材料(相对于水泥质量),以改变新拌或硬化 UHPFRC 的性能。

[来源:NF EN 206/CN:2014,修改后的 3.1.2.4——在定义中将“混凝土”替换为“UHPFRC”]

3.1.2.3 集料(granulat)

适用于 UHPFRC 的天然的、人工的、再生的或可循环使用的矿物颗粒组分材料。

[来源:NF EN 206/CN:2014,修改后的3.1.2.5——在定义中将“混凝土”替换为“UHPFRC”]

3.1.2.4 水泥(ciment)

细粉状的无机材料。其与水混合时形成浆体,在水化反应过程中凝固硬化,即使在水下也可保持其强度和稳定性。

[来源:NF EN 206/CN:2014,3.1.2.8]

3.1.2.5 聚合物纤维(fibres polymère)

适合于均匀地混合于UHPFRC中的,经挤压、定向和切割的平直形或异形材料。

[来源:NF EN 206/CN:2014,修改后的3.1.2.13——在定义中将“混凝土”替换为“UHPFRC”]

3.1.2.6 钢纤维(fibres d'acier)

适合于均匀掺入UHPFRC中的平直形或异形冷拉钢丝纤维、平直形或异形的薄钢板剪切纤维、熔抽型纤维、削刮冷拔钢丝纤维或钢锭铣削纤维。

[来源:NF EN 206/CN:2014,修改后的3.1.2.17——在定义中将“混凝土”替换为“UHPFRC”]

3.1.2.7 添加剂(ajouts)

除水泥、集料、拌合用水、外加剂、矿物掺合料、颜料或纤维之外的所有掺入UHPFRC的物质(例如用于增加UHPFRC的黏度或触变性而掺入的非外加剂类物质)。

[来源:NF EN 206/CN:2014,修改后的3.1.2.18——在定义中将“混凝土”替换为“UHPFRC”]

3.1.3 新拌UHPFRC

3.1.3.1 搅拌设备(cuve agitatrice)

通常安装在自行式底盘上,能够在运输过程中使新拌UHPFRC保持均匀性的设备。

［来源:NF EN 206/CN:2014,修改后的 3.1.3.1——在定义中将“混凝土”替换为“UHPFRC”］

3.1.3.2　批(gâchée)

搅拌机在一个循环内生产的新拌 UHPFRC 的数量。

［来源:NF EN 206/CN:2014,修改后的 3.1.3.2——在定义中将“混凝土”替换为“UHPFRC”;——去除,“或连续搅拌机在 1min 内倒入的量”］

3.1.3.3　单位立方 UHPFRC（mètre cube de BFUP）

按照本标准压实后,每立方米新拌 UHPFRC 的数量。

［来源:NF EN 206/CN:2014,修改后的 3.3.3.3——在定义中将“混凝土”替换为“UHPFRC”］

3.1.3.4　裹入空气(air occlus)

制备新拌 UHPFRC 时,不是因主观意愿而引入的空气。

［来源:NF EN 206/CN:2014,修改后的 3.3.3.6——在定义中将“混凝土”替换为“UHPFRC”］

3.1.3.5　新拌 UHPFRC(BFUP frais)

充分搅拌后到可按所选定的方法进行浇筑的 UHPFRC。

［来源:NF EN 206/CN:2014,修改后的 3.3.3.7——在标题和定义中将“混凝土”替换为“UHPFRC”］

3.1.3.6　运送量(charge)

一次运输 UHPFRC 的数量,包括一批、一批的部分或数批。

［来源:NF EN 206/CN:2014,修改后的 3.3.3.8——将“混凝土”替换为“UHPFRC”;在定义中,将“一车”替换为“一次”;将“一次或多次拌合物”替换为“一批、一批的部分或数批”］

3.1.3.7　非搅拌设备(cuve non agitatrice)

无搅拌装置的 UHPFRC 运输设备(3.1.3.1)。

例如运输料斗车。

[来源:NF EN 206/CN:2014,修改后的 3. 3. 3. 9——将“混凝土”替换为“UHPFRC”]

3.1.3.8 抗离析性(résistance à la ségrégation)

新拌 UHPFRC 保持组分材料匀质性的能力。

[来源:NF EN 206/CN:2014,修改后的 3.1.3.11——在定义中将“混凝土”替换为“UHPFRC”]

3.1.4 硬化 UHPFRC

3.1.4.1 硬化 UHPFRC(BFUP durci)

处于固态并具有一定强度的 UHPFRC。

[来源:NF EN 206/CN:2014,修改后的 3.1.4.2——在定义中将“混凝土”替换为“UHPFRC”]

3.1.4.2 强度标准值(résistance caractéristique)

对一批 UHPFRC,大于 95% 强度的强度值。

注 1:在标准 NF P 18-470 中,假设强度试验值服从正态分布而计算得到的强度标准值。

[来源:NF EN 206/CN:2014,修改后的 3. 1. 5. 4——重新表述 UHPFRC 的定义]

3.1.5 性能实现

3.1.5.1 合格性测试(essai de conformité)

根据 NF P 18-470 的条款,新拌 UHPFRC 生产者或用户在生产期间进行的测试,用于进行 UHPFRC 合格性评估,或将其作为适用性试验的一部分。

[来源:NF EN 206/CN:2014,修改后的 3. 1. 5. 6——重新表述 UHPFRC 的定义]

3.1.5.2 合格性评定(évaluation de conformité)

根据合同规定,作为适用性试验的一部分或在生产期间或部分生产期间(控制期),对 UHPFRC 分析和试验的结果进行评估,以检查 UHPFRC 是否符合 NF P 18-470。

[来源:NF EN 206/CN:2014,修改后的 3.1.5.7——重新表述 UHPFRC 的定义]

3.2 本标准的术语与定义

3.2.1 一般规定

3.2.1.1 超高性能纤维增强混凝土(UHPFRC)[béton fibré à ultra-hautes performances (BFUP)]

具有高抗压强度(大于130MPa,超出NF EN 206/CN:2014的范围)、高延性(拉伸开裂后具有高抗拉强度)的混凝土,其韧性使得设计和制造无须配置钢筋的结构或构件成为可能。

注1:为了制作某些结构,UHPFRC中可能配置钢筋(称为配筋UHPFRC)或预应力筋(称为预应力UHPFRC)。

3.2.1.2 胶凝材料(liant)

根据本标准的设想,除纤维、砂子、砾石(如有)和颜料(如有)之外的所有组分。

3.2.1.3 预混料(pré-mélange de constituants)

为了生产UHPFRC,工厂生产的、投放到市场、具有合格证、混合均匀且有确定和稳定成分的混合物(参见3.2.2.1)。

注1:预混料也叫"premix"。

3.2.1.4 总用水量(eau totale)

在UHPFRC的名义配合比中,全部水的总和,包括冰、集料内部和表面的水、掺合料中的水,以及以悬浮液形式添加外加剂和辅助外加剂所包含的水(5.2.1)。

3.2.1.5 工作时间(durée pratique d'utilisation)

从搅拌时加入水开始计算,UHPFRC能保持所需和易性而规定的持续时间。

3.2.1.6 等效龄期(âge équivalent)

应保持基准温度为20℃,使UHPFRC能获得与采用实际养护和热历程条件下相同的成熟度(由抗压强度表征)所需的龄期。

3.2.1.7 薄壁构件(élément mince)

厚度小于或等于为防止脆性破坏而掺入的纤维(最长纤维)长度3倍的构件。

3.2.2 性能实现

3.2.2.1 合格证(carte d'identité)

与UHPFRC名义配合比相关的文件,其制造原则和在其浇筑后采取的处置方式须严格执行,并根据合格证上列出的条款,列出生产商承诺的可实现的所有UHPFRC材料特性。

注1:在进行项目适用性试验前,若合格证存在且可用,可将其替代全部或部分鉴定试验结果。这使得假设材料符合项目的特定要求成为可能,并且可以节省进行详细研究的时间。

注2:从预混料制备的UHPFRC附带有合格证。

3.2.2.2 预混料生产商(producteur de pré-mélange)

生产要投入市场的具有合格证的预混料(3.2.1.3)的个人或机构(3.2.2.1)。

3.2.2.3 用户(utilisateur)

在施工或制作构件时,浇筑新拌UHPFRC并对其进行后续处理以获得特定性能的个人或机构。

3.2.2.4 鉴定试验(épreuve d'étude)

由UHPFRC生产商实施的分析和试验程序,用来验证UHPFRC混合物是否符合本标准要求以及合同中涉及的产品、结构或结构构件的规定。

注1:鉴定试验使用有合格证(3.2.2.1)的UHPFRC(如有)。

3.2.2.5 适用性试验(épreuve de convenance)

由生产商和用户对UHPFRC和控制模型进行分析和试验的执行程序,用来验证UHPFRC产品或结构构件与本标准和执行中的工程项目合同的符合性,并校验其实施过程中的不合格率。

3.3 符号和缩写

符号	含义
X0	无腐蚀或侵蚀风险的暴露等级
XC1 ~ XC4	由碳化引起的腐蚀风险的暴露等级
XD1 ~ XD3	由海水以外的氯化物引起的腐蚀风险的暴露等级
XS1 ~ XS3	由海水中的氯化物引起的腐蚀风险的暴露等级
XF1 ~ XF4	有冻融循环侵蚀风险的暴露等级
XA1 ~ XA3	有化学侵蚀风险的暴露等级
XH1 ~ XH3	由于延迟钙矾石形成,与该因素引起的风险防范相关的等级
Dp +	4.2.2 中定义的改善后的孔隙率等级
Dc +	4.2.2 中定义的与增强氯离子扩散阻力相关的等级
Dg +	4.2.2 中定义的与增强气体传输阻力相关的等级
XM1 ~ XM3	磨损暴露等级
RM1 ~ RM3	4.2.3 中定义的与液压流量相关的耐磨等级
Ca,Cv,Ct	4.3.1 中定义的稠度等级
D_{upper}	在 UHPFRC 中实际使用的最大集料(存在于 UHPFRC中并由 UHPFRC 标准授权)中 D 的最大值,D 是进行集料分类(d/D)的筛网尺寸的上限值(NF EN 12620 + A1)

注:为了简单起见,本标准中 D_{upper} 为集料的最大公称粒径的上限值。

符号	含义
STT,TT1,TT2,TT1+2	4.3.3 中定义的热处理类别
UHPFRC.../...	在 4.4.1 中定义的 UHPFRC 的抗压强度等级,第 1 个数值等于 $f_{ck,cyl}$,第 2 个数值等于 $f_{ck,cube}$
T1,T2,T3	在 4.4.3 中定义的拉伸特性等级
L_f	最长纤维的长度,有利于材料产生非脆性
f_{ck}	UHPFRC 抗压强度标准值

注:在本标准中使用此符号时,视情况而定,它适用于 $f_{ck,cyl}$ 或 $f_{ck,cube}$

符号	含义
$f_{ck,cyl}$	UHPFRC 圆柱体抗压强度标准值
$f_{ck,req}$	所要求的抗压强度标准值
$f_{c,cyl}$	UHPFRC 圆柱体抗压强度测试值

$f_{ck,cube}$	UHPFRC 立方体抗压强度标准值
$f_{c,cube}$	UHPFRC 立方体抗压强度测试值
f_{cm}	UHPFRC 抗压强度平均值

注:本标准中,此符号根据使用情况指$f_{cm,cyl}$或$f_{cm,cube}$。

f_{ci}	混凝土单次抗压强度测试值
$f_{ctm,el}$	拉伸弹性极限平均值
$f_{ctk,el}$	拉伸弹性极限标准值
$f_{ctk,el,req}$	所要求的拉伸弹性极限标准值
$f_{cti,el}$	拉伸弹性极限单次试验值
$M_{max,i}$	弯曲试验进行材料特性表征时,单次试验最大弯矩值
$M_{m,max}$	弯曲试验进行材料特性表征时,最大弯矩平均值
M_{ref}	由指定拉伸本构曲线计算的最大弯矩值
f_{ctf}	裂后抗拉强度
f_{ctfm}	裂后强度平均值
f_{ctfk}	裂后强度标准值
f_{ctf}^{*}	根据简化法则计算的最大裂后应力
ε_{ei}	拉伸弹性应变极限
ε_{lim}	响应中的拉伸弹性应变极限
S_c	标准差
ϕ	试验圆柱体的直径
K	纤维取向系数,用于描述纤维取向对裂后受拉性能的影响
K_{global}	与全局效应相关的取向系数
K_{local}	与局部效应相关的取向系数
γ_{cf}	UHPFRC 受拉时的分项系数
γ_{c}	UHPFRC 受压时的分项系数
E_{cm}	弹性模量的平均值
E	E.4.1 中定义的弯曲弹性模量

4 分级、名称和标记

4.1 按增韧纤维类型分级

UHPFRC 根据纤维性质进行分级，涉及 4.4.3 中的弯曲作用下的应变硬化特征。

当使用金属纤维时，UHPFRC 被称为 M 型(金属型)。

当使用其他类型纤维(特别是有机纤维)时，UHPFRC 被称为 A 型(其他型)。

4.2 按环境作用分级

4.2.1 暴露等级

4.2.1.1 一般规定

根据表 1(来源:NF EN 206/CN:2014)，环境作用按暴露等级分级。下文给出了参考示例。

表 1 与环境条件相关的暴露等级

等级	环 境 描 述	阐释暴露等级的示例
1 无腐蚀或侵蚀风险		
X0	对于未配筋或埋置金属的混凝土:除了冻融、磨损或化学侵蚀以外的所有暴露情况; 对于钢筋混凝土或埋置金属的混凝土:非常干燥的情况	空气湿度极低的建筑内的混凝土
2 碳化引起的腐蚀风险		
如果钢筋混凝土或埋置金属部件的混凝土暴露在空气和潮湿环境中，暴露等级应定义如下:		
XC1	干燥或永久浸没环境	空气湿度低的建筑内的混凝土; 永久浸没在水中的混凝土

表1(续)

等级	环境描述	阐释暴露等级的示例
XC2	潮湿,很少干燥	长期与水接触的混凝土表面; 大多数的基础
XC3	中等湿度	空气湿度中等或高的建筑内的混凝土; 能避免淋雨的外部混凝土
XC4	干湿循环	混凝土表面易与水接触,且不包含在暴露等级 XC2 内
3　由海水以外的氯化物引起的腐蚀风险		
如果钢筋混凝土或埋置金属部件的混凝土与含有除海洋来源以外的氯化物(包括除冰盐)的水接触,暴露等级应定义如下:		
XD1	中度湿度	暴露于空气氯化物中的混凝土表面
XD2	潮湿,很少干燥	游泳池; 暴露于含氯化物的工业用水中的混凝土构件
XD3	干湿循环	暴露于含有氯化物的盐雾中的桥梁部件; 路面;停车场楼板
4　由海水中的氯化物引起的腐蚀风险		
如果钢筋混凝土或埋置金属部件的混凝土与海水氯化物接触或经受携带海盐空气的作用,暴露等级应定义如下:		
XS1	暴露于含盐的空气中,但不直接与海水接触	靠近或位于海岸的结构
XS2	永久浸没	海洋结构部件
XS3	潮汐,浪溅和盐雾区域	海洋结构部件
5　冻融循环侵蚀风险		
当混凝土在潮湿环境中由于冻融循环作用而受到严重侵蚀时,暴露等级应定义如下:		
XF1	中度饱水,不含除冰剂	暴露于雨水和冰冻环境中的竖向混凝土表面
XF2	中度饱水,含除冰剂	暴露于冰冻以及含气化除冰剂空气环境中的道路结构的竖向混凝土表面
XF3	高度饱水,不含除冰剂	暴露于雨水和冰冻环境中的水平混凝土表面
XF4	高度饱水,含有除冰剂或海水	暴露于除冰剂下的道路及桥面板; 直接暴露于含有除冰剂的水雾和冰冻环境中的混凝土表面; 暴露于冰冻环境中的海洋结构浪溅区

表 1(续)

等级	环 境 描 述	阐释暴露等级的示例
6 化学侵蚀风险		
当混凝土受到土壤和天然地下水的化学侵蚀时,暴露等级应定义如下:		
XA1	轻度化学侵蚀性的环境	暴露于表 3 中规定的天然土壤和地下水中的混凝土
XA2	中度化学侵蚀性的环境	暴露于表 3 中规定的天然土壤和地下水中的混凝土
XA3	高度化学侵蚀性的环境	暴露于表 3 中规定的天然土壤和地下水中的混凝土

以下所示的暴露等级,可在 NF P 18-710:2016 中找到关于混凝土保护层和开裂控制的相关规定的详细描述,当应用于 UHPFRC 结构时,这是对 NF EN 1992-1-1 及其国家附件 NF EN 1992-1-1/NA 的补充,也是对 5.3 中关于 UHPFRC 材料的相关规定进行的补充。

以下为补充详细信息:

a)M 型 UHPFRC 不能归入暴露等级 X0。

b)没有特殊规定时,可按下列情况分级:

1)XC1:建筑中能避免雨淋的部分,但归属于 XC3 的部分除外。

2)XC2:建筑中长期与水接触的部分。

3)XC3:建筑中可避免雨淋但未封闭的部分,或频繁并持续暴露于富含冷凝水环境中的部分。

4)XC4:土木工程结构或建筑中位于地面以上但未采取防雨措施的部分,包括与输水线路和/或喷溅相关的相邻区域。

c)没有特殊规定时,可按下列情况分级:

1)XD1:暴露于气载氯化物中的中等湿度表面。

2)XD2:游泳池或暴露于含有氯化物的工业用水中的部分。

3)XD3:频繁或非常频繁遭受含有氯化物水溅影响的结构物部件,且该部件不存在保护 UHPFRC 的密封涂层。

d)没有特殊规定时,可按下列情况分级:

1)XS1:既不与海水接触也不暴露在盐雾中,但直接暴露于盐水空气中的结构构件,即位于 XS3 所指定区域以外,并且离海岸至少 1km(基于特定地形有时可达到 5km)的区域。

2)XS2:永久浸没的海洋结构构件。

3) XS3：位于潮汐区和/或离海岸至少 100m 的盐雾区（基于特定地形有时可达到 500m）的海洋结构构件。

e) 在冻融侵蚀以及其他除非特别说明的情况下，特别是对于基于长期与液态水接触（如其水平表面或其他表面）的饱和状态等其他情况，在标明冰冻区域的地图上标示出暴露等级 XF1、XF2、XF3 和 XF4（图 2），表 2 给出了附加的细节（来源：FD P 18-326）。由过去 10 年中盐蚀发生的次数估算，若发生的年平均天数小于 10d，可视为“不频繁”；若发生的年平均天数大于或等于 30d，可视为“非常频繁”；在这两者之间可以视为“频繁”。

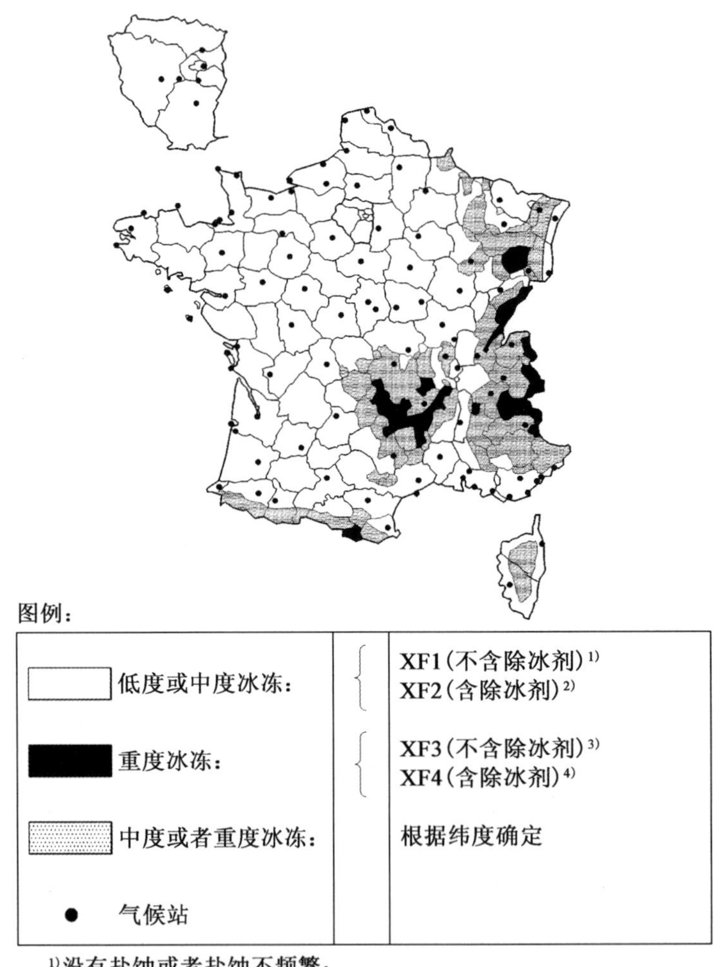

1) 没有盐蚀或者盐蚀不频繁；
2) 盐蚀频繁或者非常频繁；
3) 没有盐蚀或者盐蚀不频繁；
4) 盐蚀频繁或者非常频繁；

注：圣皮埃尔和密克隆（Saint-Pierre et Miquelon）以及法属南部和南极领地（French Southern and Antarctic Territories）属于重度冰冻区域。

图 2　受冰冻影响的法国区域地图（NF EN 206/CN：2014 的图 NA2）

表 2　使用或不使用除冰剂的冻融侵蚀暴露等级

盐蚀 / 冰冻	没有	不频繁	频繁	非常频繁
低度或中度	XF1	XF1	XF2	XF2[a]
重度	XF3	XF3	XF4	XF4

[a] 混凝土路面和处于非常暴露环境中的土木工程结构构件除外，其应被应划分为 XF4 等级。

f) 引入了由 LCPC 于 2007 年 8 月发布的规程《预防硫酸盐对混凝土侵蚀的建议》[3]中给出的其他暴露等级 XH1、XH2 和 XH3，用于描述结构部件周围直接环境中大致水饱和特性。

注：宜根据法国混凝土学院提供的指南[4]选择暴露等级：

—《现场浇筑或预制建筑结构暴露等级选择指南》

—《混凝土桥梁暴露等级选择指南》

—《海洋和河流结构暴露等级选择指南》

—《道路设备结构暴露等级选择指南》

—《公路隧道暴露等级选择指南》

—《覆盖的沟渠、长廊、盖梁以及埋置沉箱暴露等级选择指南》

—《各种土木工程结构暴露等级选择指南》

4.2.1.2　化学侵蚀特例

表 3 列出了来自天然土壤和地下水的化学侵蚀暴露等级限值。

表 3　来自天然土壤和地下水的化学侵蚀暴露等级限值

化学特性	参考测试方法	XA1	XA2	XA3
地下水				
SO_4^{2-}，单位：mg/L	NF EN 196-2	≥200 且≤600	>600 且≤3000	>3000 且≤6000
pH 值	ISO 4316	≤6.5 且≥5.5	<5.5 且≥4.5	<4.5 且≥4.0
侵蚀性 CO_2，单位：mg/L	NF EN 13577	≥15 且≤40	>40 且≤100	>100 直至饱和
NH_4^+，单位：mg/L	ISO 7150-2	≥15 且≤30	>30 且≤60	>60 且≤100
Mg^{2+}，单位：mg/L	NF EN ISO 7980	≥300 且≤1000	>1000 且≤3000	>3000 直至饱和
土壤				
总 SO_4^{2-}，单位：mg/kg[a]	NF EN 196-2 [b]	≥2000 且≤3000 [c]	>3000 [c] 且 ≤12000	>12000 且≤24000
根据 Baumann-Gully 测定的酸度，单位：mg/kg	NF EN 16502	>200	实践中未出现	

[a] 渗透率低于 10^{-5}m/s 的黏土可以划入到较低等级。

[b] 试验方法规定了由盐酸萃取 SO_4^{2-}；使用混凝土时，若有经验，可采用水萃取法替代。

[c] 由于周期性干湿循环或毛细吸水，从而导致混凝土中存在硫酸根离子积聚的风险，则 3000mg/kg 的限值应降至 2000mg/kg。

除表 3 外,在有轻微矿化水或气体环境侵蚀风险的情况下,宜参考 FD P 18-011。如果未进行专门研究,本标准可作为根据环境选择胶凝材料(水泥和添加剂)的依据。

除表 3 外,对于以下情况,可进行专门研究以确定相关的暴露条件:

a)限值未包含于表 3 中;

b)含有其他侵蚀性化学品;

c)受到化学污染的地面或水;

d)侵蚀性工业环境;

e)高水流速度且含有表 3 中的化学物质。

表 3 中的侵蚀性化学环境是基于天然土壤和地下水分级的,水/土壤温度介于 5 ~ 25℃之间,且水流速度足够缓慢以至于接近静态条件。任何单一化学特性最高取值决定了类别。如果两个或更多侵蚀性特征对应于同一类别,则应将该环境划入下一个更高级别的类别,除非对此特定情况有专门的研究证明这是不必要的。

4.2.2 抗渗性能等级

4.2.2.1 基本阈值

UHPFRC 应满足以下三方面的要求:

a)90d 时的水孔隙率≤9.0%(根据 NF P 18-459);

b)90d 氯离子迁移系数≤$0.5 \times 10^{-12} m^2/s$,根据按本标准 A.1 的规定改编的 XP P 18-462 进行调整;

c)90d 时的气体表观渗透率≤9×10^{-19} m^2,根据按本标准 A.2.1 改编的 XP P 18-463:2011 进行调整。

注:根据 AFGC 指南[5],对于暴露等级 XC、XS、XD 和 XF,以上这些标准将 UHPFRC 定位在具有很高潜在耐久性的水泥基材料范围内。

4.2.2.2 潜在增强耐久性等级

根据是否达到以下阈值,UHPFRC 可能属于下列改进的潜在耐久性等级之一:

a)Dp +:改进的孔隙率。

90d 时的水孔隙率≤6.0%(根据 NF P 18-459);

b)Dc +:改进的氯离子迁移阻力。

90d 氯离子迁移系数≤$0.1 \times 10^{-12} m^2/s$,根据按本标准 A.1 的规定改编的 XP

P 18-462 进行调整。

注 1:在 XP P 18-462 被批准前,如果测量不确定性使小于 0.1×10^{-12} 的测试值不显著,则 $0.1\times10^{-12}m^2/s \sim 0.2\times10^{-12}m^2/s$ 之间的值是可以被接受的。

c) Dg + :改进的气体传输阻力。

90d 气体表观渗透率 $\leq 1\times10^{-19}m^2$。根据按本标准 A.2.2 的规定改编的 XP P 18-463:2011 进行调整。

注 2:正如 5.3.3 中所规定的,这些提升的耐久性等级是值得采用的,尤其是当其已由极度严重的暴露或特别长的设计使用年限等情况所证明。

4.2.3 磨损暴露和耐磨等级

根据 NF P 18-710:2016,结构或部分结构的磨损暴露严重程度可以分为 XM1、XM2 和 XM3。

对于与水力流动有关的磨损,在附录 I 确定的磨损指数基础上,根据 UHPFRC 的性能进行分类,包括在喷砂作用下与玻璃中形成的印痕比较:

a) 等级 RM1:1≤磨损指数<1.5(耐“水力”磨损材料)。

b) 等级 RM2:0.7≤磨损指数<1(高耐“水力”磨损材料)。

c) 等级 RM3:磨损指数<0.7(超耐“水力”磨损材料)。

4.3 新拌和硬化中的 UHPFRC 的等级

4.3.1 稠度等级

考虑到 UHPFRC 的浇筑方式,在新拌状态下,UHPFRC 应保持均匀,纤维或固体组分不应离析。

在新拌状态下,UHPFRC 的稠度通常受制于与目标值有关的规格要求。

另外,UHPFRC 应按其新拌状态时的稠度进行分级。因此,UHPFRC 稠度等级属于以下三者之一:

a) Ca:自密实 UHPFRC,即通常能够在不进行振动或使用机械助流设备时进行浇筑。

b) Cv:黏性 UHPFRC,即通常能够在不进行振动时进行浇筑,但需要使用机械助流设备。

c) Ct:表现出流动临界状态的 UHPFRC,即通常在动态剪切作用下能够流动,但其静止时的自由表面可以保持倾斜。

稠度等级的选择应与 UHPFRC 工作性保持时间相关。在该时间段内，UHPFRC可以保持该稠度。

对于 Ct 等级，UHPFRC 可被浇筑的能力宜满足项目所要求的条件，性能表征由生产商、规范制定者和用户的协议所确定。

下列试验适用于不同尺寸纤维和集料的 UHPFRC，稠度等级可以用下列任何试验来表征。

按表 4 所示进行分级。

表 4　UHPFRC 的稠度等级

等级	流动台试验 （符合 NF EN12350-5） （mm）	使用 ASTM 锥形模具流动台试验（无振动）（根据标准 ASTM C230/C230M 修改） （mm）	坍落度—扩展度试验 （参考标准 NF EN 12350-8） （mm）
Ca	≥560（未受振动）	≥ 270	≥760（SF3）
Cv	420～560（未受振动） ＞ 560（经受 15 次振动）	230～270	660～760（SF2）
Ct	＜420（未受振动） ＞ 560（经受 15 次振动）	＜ 230	＜ 660（SF1）

注：根据 UHPFRC 的规范制定者、用户和供应商之间的共同协议来选择试验方法。对于 UHPFRC，注意这些试验测量的不确定性，将测量值取整至厘米（10mm）。

4.3.2　按集料最大粒径分级

根据 UHPFRC 集料的最大粒径进行分级时，应按大于符合 NF EN 12620 + A1 的 UHPFRC 中集料最大粒径（D_{upper}）进行分级。D_{upper}小于或等于 10mm。

注：D_{upper}是筛网的最大粒径，通过筛网，可获得符合 NF EN 12620 + A1 的集料的粒径。

4.3.3　按热处理方式分级

根据为使 UHPFRC 在硬化状态下达到其预期性能而可能应用的热处理方式对 UHPFRC 进行分级。

在未经过任何热处理时，UHPFRC 被归为 STT。

当经过“热养护”“加速水化的热处理”或“加热”后，UHPFRC 被归为 TT1。这些热处理方法旨在让 UHPFRC 提前凝固，通过适度加热使模具中的UHPFRC凝固和初始硬化阶段加速。经过热处理后的 UHPFRC 的抗压强度平均值不应低于常温养护下 28d 的 UHPFRC 的抗压强度平均值的 88%（在 20℃ ±2℃的环境中，未受任何主动或被动的热处理）。

UHPFRC 凝固数小时后，在相对较高温度（约 90℃）和大于 90% 的湿度环境中，进行数十小时的热处理，这种 UHPFRC 被归为 TT2。经过这种热处理后的 UHPFRC抗压强度平均值不应低于常温养护下（在 20℃ ±2℃的环境中，未受任何主动或被动的热处理）28d UHPFRC 的抗压强度平均值。

先后经历上述两种热处理后的 UHPFRC 被归为 TT1 +2。经过该种热处理后的 UHPFRC 抗压强度平均值不应低于常温养护下（在 20℃ ±2℃的环境中，未受任何主动或被动的热处理）28d 的 UHPFRC 的抗压强度平均值。

注：UHPFRC 结构或构件的冷却处理不包括在热处理分级中，归入 NF P 18-451 中。

4.4 硬化 UHPFRC 性能等级

4.4.1 抗压强度等级

根据 NF EN 12390，按 UHPFRC 圆柱体试件（名义尺寸 110 mm/220 mm，通常称为“11/22”）28d 抗压强度标准值 $f_{ck,cyl}$ 进行分级。试件须满足 NF EN 12390-1 和 NF EN 12390-2 的要求，并符合本标准附录 B 和附录 C 的详细规定。表 5 给出 UHPFRC等级。此外，可以使用取整至最接近的 5MPa 的中间强度值。

如若在 UHPFRC 生产阶段对其强度进行检查，应当测试边长为 10cm 的 UHPFRC立方体试件的抗压强度，以确定其标准值 $f_{ck,cube}$。然而，在这种情况下，在鉴定试验中，需要对具有足够数量的圆柱体和立方体试件强度进行双重确定，以确保项目所使用量值的有效性，并且优先采用圆柱体试件强度进行 UHPFRC 分级。在控制阶段，作为直接将标准值 $f_{ck,cube}$ 与表 5 中的等级限值或采用的中间强度水平相比较的替代方式，可根据在设计阶段中确定的传递系数对立方体试件的强度值进行加权处理，从而估计 $f_{ck,cyl}$，并验证其是否符合强度等级。

注：这些规定考虑了识别 $f_{ck,cyl}$ 和 $f_{ck,cube}$ 之间单一关系的困难。

表 5 UHPFRC 的抗压强度等级

抗压强度等级	最小圆柱体抗压强度标准值	最小立方体抗压强度标准值
	$f_{ck,cyl}$ [MPa]	$f_{ck,cube}$ [MPa]
UHPFRC 130/145	130	145
UHPFRC 150/165	150	165

表 5(续)

抗压强度等级	最小圆柱体抗压强度标准值	最小立方体抗压强度标准值
	$f_{ck,cyl}$[MPa]	$f_{ck,cube}$[MPa]
UHPFRC 175/190	175	190
UHPFRC 200/215	200	215
UHPFRC 225/240	225	240
UHPFRC 250/265	250	265

4.4.2 密度等级

本标准所涵盖 UHPFRC 的干密度应介于 2200kg/m^3 和 2800kg/m^3 之间(包括纤维)。它们被认为是标准密度,在结构设计中根据所使用的 UHPFRC 考虑其实际有效密度。

本标准没有对该密度范围以外的轻质或重质 UHPFRC 作出规定。

4.4.3 拉伸特性等级

在设计结构和指定材料时,应对按照附录 D(棱柱体试件)或附录 E(薄板试件)中的弯曲试验方法得到的试验结果进行倒推分析,确定 UHPFRC 的拉伸性能参照值,并根据项目中 UHPFRC 构件的几何形状考虑裂后阶段取向系数 K 的影响(根据所考虑的结构部位和方向,该取向系数 K 反映了 UHPFRC 结构、产品或构件浇筑的影响)。根据附录 F 中涉及的结构或构件,应在适用性试验阶段确定取向系数 K。

本标准涵盖的 UHPFRC,28d 拉伸弹性极限标准值 $f_{ctk,el}$ 应大于 6.0 MPa。

本标准涵盖的 UHPFRC 应具有足够的弯曲应变硬化行为,以满足不等式(1):

$$\frac{1}{w_{0.3}}\int_0^{w_{lim}}\frac{\sigma(w)}{1.25}\mathrm{d}w \geqslant \max(0.4f_{ctm,el};3\mathrm{MPa}) \tag{1}$$

式中:$w_{0.3}=0.3\mathrm{mm}$;

$f_{ctm,el}$——拉伸弹性极限平均值(MPa);

$\sigma(w)$——裂缝开口宽度达到 w 时的裂后应力标准值(MPa)。

对于平均曲线和特征曲线,通过比较弹性极限 $f_{ct,el}$ 和裂后抗拉强度 f_{ctf},得到 UHPFRC 拉伸性能等级。原则上,对于裂后阶段,应考虑取向系数 K_{global},以反映 UHPFRC 结构、产品或构件浇筑的影响。根据附录 F,可使用一个假设的定值,

$K_{global}=1.25$。

对于平均曲线和特征曲线，均满足 $f_{ctf}/1.25<f_{ct,el}$ 时，即 $f_{ctfm}/1.25<f_{ctm,el}$ 以及 $f_{ctfk}/1.25<f_{ctk,el}$，UHPFRC 属于 T1 级(拉伸应变软化)。

对于平均曲线，满足 $f_{ctf}/1.25\geqslant f_{ct,el}$，以及对于特征曲线满足 $f_{ctf}/1.25<f_{ct,el}$ 时，即 $f_{ctfm}/1.25\geqslant f_{ctm,el}$ 和 $f_{ctfk}/1.25<f_{ctk,el}$，UHPFRC 属于 T2 级(有限的应变硬化)。

对于平均曲线和特征曲线，均满足 $f_{ctf}/1.25\geqslant f_{ct,el}$ 时，即 $f_{ctfm}/1.25\geqslant f_{ctm,el}$ 以及 $f_{ctfk}/1.25\geqslant f_{ctk,el}$，UHPFRC 属于 T3 级(应变硬化显著)。

4.5 描述性分级

抗压强度标准值至少为 150MPa 的 M 型 UHPFRC 归为 UHPFRC-S。

抗压强度标准值大于 130MPa 且严格小于 150MPa 的 M 型 UHPFRC 归为 UHPFRC-Z。

注：根据 NF P 18-710：2016，UHPFRC-S 混凝土可用于设计结构、预制品和结构预制构件。

5 要求

5.1 组分材料要求

5.1.1 一般规定

材料组分中不应含有大量的可能对UHPFRC的耐久性产生不利影响或在应用中导致钢筋或预应力筋腐蚀的有害物质。材料组分应能实现UHPFRC的预定用途。

虽然可确定材料组分的适用性,但并不意味着可将其用于所有情况或UHPFRC的任何组成。

只有符合规定用途且已确定其适用性的材料组分,才能依据本标准在UHPFRC中使用。相对于各种标准中涵盖的要求,可降低材料所有或部分组分性能的容差,以确保其性能。确定这些容差和用量精度是UHPFRC配合比设计研究的一部分(见5.2)。

5.1.2 水泥

UHPFRC中使用的水泥应符合NF EN 197-1。CEM I 52.5或CEM II/A 52.5水泥应符合其一般适用性要求。使用其他类型或类别的水泥,其适用性需要通过专项研究进行验证,该研究将考虑组分的特性、性质和含量的潜在变化。

若缺乏专门研究,当设计使用年限大于或等于100年时,水泥应符合NF P 15-317的要求,以适用于特定海水环境(XS2和XS3级)。此外,UHPFRC胶凝材料暴露于含有硫化物、硫酸盐等的环境时,其组分也应符合NF P 15-317的规定。

若缺乏专门研究,当设计使用年限大于或等于100年,特定环境(XA2或XA3级)中与咸水或含硫酸盐土壤有接触的水泥应根据FD P 18-011中规定条款进行选择。

若缺乏专门研究,特定环境中用于与纯水、酸性水或酸性土壤等(XA2和XA3级,以及在XA1级环境中设计使用年限大于或等于100年)接触的水泥应:

a)根据 FD P 18-011 选定;

b)是 CEM II/A-D 或 CEM II/A-Q 水泥;

c)是 CEM I 或 CEM II/A 水泥,并加入至少 6% 的硅灰或至少 6% 的偏高岭土(占水泥和掺合料总质量的百分比)。

若缺乏专门研究,对于其他化学侵蚀的情形,除采用 50 年设计使用年限的 XA1 级外,对于 XA1、XA2 或 XA3 级侵蚀,宜参照 FD P 18-011 选择 UHPFRC 胶凝材料。

对于设计使用年限不小于 100 年的先张或后张预应力 UHPFRC 构件,若缺乏专门研究,应根据 NF P 15-318 选用 CP2 水泥。但是,对于设计使用年限不小于 100 年的 UHPFRC 后张预应力构件,可选用符合 NF P 15-318 要求的 CP1 水泥。

5.1.3 集料

对具有标准密度的集料及重集料,应按 NF EN 12620 + A1 和 NF P 18-545 的规定确定其一般适用性。集料的特性应符合 NF P 18-545 中索引 A 的规定。特别注意的是集料的吸水系数不应大于 2.5%,有关于工作时间稳定性的特定研究的情况除外。

若缺乏专项研究,按照 FD P 18-464 和 FD P 18-542 的规定,集料应根据碱集料反应风险归为 NR 级。

5.1.4 拌合用水

按照 NF EN 1008 的要求确定饮用水和地下水的一般适用性。

5.1.5 外加剂

按照 NF EN 934-2 + A1 的要求确定外加剂的适用性。

5.1.6 矿物掺合料和颜料

掺合料的一般适用性要求如下:

a)填料符合 NF EN 12620 + A1 的规定;

b)颜料符合 NF EN 12878 的规定;

c)石灰石粉掺合料符合 NF P 18-508 的规定;

d)硅质掺合料符合 NF P 18-509 的规定;

e)粉煤灰符合 NF EN 450-1 的规定;

f)硅灰符合 NF EN 13263-1 + A1 的规定;

g)如粒化高炉矿渣粉按 NF EN 206/CN:2014 要求为 A 级,则还须符合 NF EN 15167-1 的规定;

h)符合 NF P 18-513 要求的 A 型偏高岭土。

5.1.7 增韧纤维

如果增韧纤维满足以下关于混凝土用纤维标准之一,则根据 4.4.3 的规定,可作为提升 UHFFRC 韧性的纤维:

—对于 M 型 UHPFRC(不同类型钢纤维可混杂使用)为 NF EN 14889-1(钢纤维);

—对于 A 型 UHPFRC[采用聚乙烯醇(PVA)纤维]为 NF EN 14889-2(聚合物纤维)。符合本标准要求使用的其他类型聚合物纤维的适用性,须通过特别研究进行验证,研究须特别验证在温度、干湿循环、冻融循环和可能产生疲劳效应的荷载循环等作用影响下,基于此类型纤维的 UHPFRC 的时变力学性能(抗力、延性)相对于设计值仍保持在足够高的水平。

根据 4.4.3 的规定,只要符合其他标准或技术的认可,其他类型纤维可用于提升 UHPFRC 的应变硬化性能。纤维在 UHPFRC 中的使用应符合本标准,并明确规定了纤维对不同类型 UHPFRC 的适用范围,以及任何与本标准的应用条款和条件有关的限制内容。应确保在温度作用、干湿循环、冻融循环和疲劳的荷载循环作用下,UHPFRC 力学性能具时变稳定性,且远高于设计值(抗力,延性)。

5.1.8 提供其他特性的纤维

其他类型纤维可赋予 UHPFRC 其他特性,只要 UHPFRC 中纤维的使用符合相关标准或技术许可的要求,并具体说明它们应用于哪种类型的 UHPFRC 即可。

符合 NF EN 14889-2 要求的聚丙烯纤维适合在抗火条件下使用,只要发生火灾时它们有助于降低 M 型或 A 型 UHPFRC 发生剥落的风险,即被视为适用的。

5.1.9 添加剂

UHPFRC 中可加入添加剂,以改善其性能或使其具有特定的性能,但须进行特定研究以确保添加剂产生的各种二次效应能得到控制。总的添加剂含量不应超过混凝土体积的 5%。含有和不含有添加剂的 UHPFRC 组分应区别对待,如果使用添加剂,应进行新的配合比鉴定试验。

5.1.10 预混料

UHPFRC 可由预配料和组分预混料制备,包括:

a) 水泥和掺合料;

b) 可能的全部或部分集料;

c) 可能的固体外加剂;

d) 可能的固体颜料;

e) 可能的添加剂;

f) 可能的部分或全部纤维。

应根据条款 5.1.1、5.1.2、5.1.3、5.1.5、5.1.6、5.1.7、5.1.8 和 5.1.9 规定的上述组分性质,确定单独使用这些组分时的适用性要求。

对于预混料,应核查各材料组分的规律性、相容性和用量精度,以生产满足性能要求且具有合格证的 UHPFRC 材料(见 5.6)。除纤维公差在(−2% ~ +4%)范围外,配料设施和制造过程应满足预混料各组分用量公差为 ±2% 的要求。应提供自动记录的送入混料器的原料的称重历史数据,以便检查这些材料组分的公差是否符合要求。记录数据应保存至少 12 个月。

每批交付的产品都应附有一张标识预混料及其生产基准的标签,并已进行了生产质检。质检详情在附录 G 中给出。

5.2 UHPFRC 的组成要求

5.2.1 一般规定

UHPFRC 的组分及比例应在鉴定试验阶段进行选择,以保证其耐久性、新拌制状态性能和硬化状态特性等满足规定要求,同时应考虑材料的生产工艺和结构施工方法,包括浇筑后可能进行的处理,以实现这些性能指标。

对于特定环境条件,生产商尤其应从已确定适用性的组分材料中选择材料的类型和类别。

UHPFRC 的组成应尽量减少结构内纤维的离析、渗出和分布不均。为此,应特别注意由各种组分引入到 UHPFRC 中的水量(添加的水、集料吸收的水、外加剂中的水)。无论 UHPFRC 的组分是否是以预混料形式使用,都应特别注意监测其规律性。

应在设计阶段或参考合格证确定 1m^3 UHPFRC 的名义配合比,该配合比应由承诺达到规定性能的生产商提出。该配合比应通过适用性试验进行确认,该试验旨在检查 UHPFRC 是否按计划的生产工艺、浇筑条件进行生产,以及提交计划处理时是否满足规定的性能。

作为合同一部分的名义配合比应由各单独添加组分的数量以及(如适用)组分的预混料数量来定义。

对于单独添加的组分,名义配合比应给出:

a)各种集料类别(干料)的名称和重量;

b)水泥的名称和重量(对含硅灰水泥注明水泥的硅灰量);

c)每种掺合料、颜料或外加剂(如适用)的名称和干重;

d)总用水量(加水量及各种的组分含水量);

e)外加剂固体成分的名称和重量;

f)每种纤维的名称和重量。

对于以预混料形式添加的组分,名义配合比应给出与预混料相对应的“复合”成分的名称和重量,并参考其适用性说明书(见 5.1.10)。

配料设施和制造流程应允许 -2% 和 +4% 的纤维重量偏差,其他称量组分偏差则为 ±2%。配合比应能满足这些要求并能通过生产商的质量保证体系,特别是根据搅拌机的容量和生产数量来调整测量均衡性。应确保组分的重量和数量以及混合顺序具有可追溯性。

如果有至少一种组分的称量变化超过上述称重公差,则应认为 UHPFRC 的组分与设计不同,需要进行新的鉴定试验(5.2.6 中所述的外加剂调整除外)。

注:与 NF EN 206/CN:2014 涵盖的混凝土相比,对新拌状态和硬化阶段的材料,只能通过严格遵守与之相关的施工程序,才能获得应用于结构的 UHPFRC 的工作性能。此外,对于 UHPFRC,宜考虑运输、堆放、养护和后续处理等相关要求。

5.2.2 水泥选择

应从已确定其适用性的水泥中选择,并考虑:

a)结构的施工;

b)UHPFRC 和结构的最终用途,包括与面层相关的要求;

c)任何养护和热处理条件;

d)结构的尺寸(热过程);

e)防止与受限热变形和延迟钙矾石形成相关的任何裂缝的发展;

f)结构暴露在环境中所受到的侵蚀作用(见 4.1);

g)潜在的碱集料反应;

h)与外加剂的相容性。

5.2.3 集料的使用

对集料的性质、类型、尺寸和类别进行选择时应考虑:

a)结构的施工;

b)UHPFRC(特定性能)和结构的最终用途;

c)结构暴露在环境中所受到的侵蚀作用;

d)防止所有碱集料反应(在没有特定研究的情况下,根据 FD P 18-464 和 FD P 18-542,集料应按照碱集料反应风险分级为 NR);

e)与面层相关的要求。

应根据截面的最小尺寸和钢筋及预应力筋的保护层厚度来选择 UHPFRC(D_{upper})中集料最大公称粒径。

5.2.4 循环水的使用

不应使用从混凝土或 UHPFRC 的制造过程中回收的水。

5.2.5 掺合料的使用

掺合料的使用有助于获得 UHPFRC 水泥基体的高密实性和高抗压强度。通常可以使用几种类型的掺合料,包括按优化比例添加的具有火山灰特性的超细掺合料。UHPFRC 的组分最终在 UHPFRC 的合格证(见 5.5)中进行归纳总结,应包括所有使用的掺合料,并在鉴定和适用性试验过程中进行验证,其中排除用一种掺合料替代另一种掺合料或替代水泥的情况。

对于设计使用年限不小于 100 年的预应力 UHPFRC 构件,掺合料的组成和剂量应使胶凝材料的硫化物含量不超过 0.2%。

5.2.6 外加剂的使用

每种外加剂的使用总量不应超过外加剂制造商推荐的最大用量,除非各方已经对高剂量对 UHPFRC 性能的影响达成一致,方予以考虑。

当使用多种外加剂时,应在鉴定和适用性试验之前检查其相容性。

在鉴定试验之前,应先研究外加剂的投料方法(可能分散在拌合用水中,可能分阶段投料等)。如果明显的气候变化对外加剂的添加有影响,应对其适用性进行额外的试验与检查。

5.2.7 增韧纤维的使用

根据 4.4.3 的规定,选择提高韧性的纤维类型、尺寸和数量应考虑以下因素:

a) UHPFRC(规定性能,特别是力学性能)和结构的最终用途;

b)结构暴露在环境中所受到的侵蚀作用;

c) UHPFRC 的浇筑方式和结构施工方式;

d)与面层相关的要求。

应根据投料方式、材料的类型及数量要求将纤维添加到混合料中,以确保纤维在混合料中均匀分布。

5.2.8 提供其他特性纤维的使用

选择提供其他特性的纤维类型、尺寸和数量应考虑以下因素:

a) UHPFRC 和结构的最终用途;

b)结构暴露在环境中所受的侵蚀作用;

c) UHPFRC 的浇筑方式和结构施工方式;

d)与面层相关的要求。

应探明以上与纤维带来的附加特性相对应的一个或多个方面,并应对其进行评估。

对于不同类型、数量的纤维,应采用可确保纤维通过搅拌而均匀分布的投料方式将纤维添加到混合料中。

5.2.9 预混料组分材料的使用

用于生产 UHPFRC 的预混料组分材料的使用和选择应考虑以下因素:

a)结构及其部件的性质及其施工方法,特别是养护和任何热处理操作;

b) UHPFRC 和结构的最终用途,以及要求的性能,包括与面层相关的要求;

c)结构暴露在环境中所受的侵蚀作用和耐久性要求。

使用预混料组分材料可依据与同一预混料生产的 UHPFRC(具有合格证书)相关工业化生产经验(备有记录文件)(见 5.1.10)。

在预混料组分材料和 UHPFRC 生产过程的其他阶段中添加的成分应依据预混料生产商的建议。

5.2.10 新拌 UHPFRC 的温度

新拌 UHPFRC 在交付和浇筑时(包括生产阶段、鉴定试验或适用性试验阶段)的温度不应低于 10℃或高于 35℃,除非有特别研究成果或 UHPFRC 合格证中的数据另有规定,且得到相关各方的同意。

5.2.11 氯化物含量

以氯离子相对水泥的质量百分比表示的 UHPFRC 氯化物含量不应超过:

a)0.2%:不配筋的 M 型 UHPFRC(除所用钢纤维的耐腐蚀性对氯化物含量有合理要求外)或配置后张预应力筋的 UHPFRC。

b)0.15%:配置预应力筋的 A 型或 M 型 UHPFRC 构件。

c)0.4%:其他情况。

5.2.12 拌和制度

应在 UHPFRC 的合格证中给出,或由鉴定试验确定各组分进料顺序的一般原则,以及(若适用)在各种混合阶段结束时应满足的物理特性的目标值。

注:一般而言,UHPFRC 的混合过程包括 3 个阶段。第一阶段,将粉末和集料搅拌均匀;第二阶段,加入水和全部或部分外加剂,直到获得足够的流体稠度;第三阶段,加入纤维。

根据 NF P 18-451 的规定确定与 UHPFRC 名义配合比匹配并适合实际生产条件的拌和制度,并应通过适用性试验进行确认。

按此固定程序进行后续的生产,以确保生产的 UHPFRC 混合料中颗粒组成的均匀性、纤维分布的均匀性、无纤维的结团及基体的结块,以及运输和浇筑UHPFRC 所要求的流动性能。根据 NF P 18-451 中的施工规范,应定期通过对新拌和/或硬化 UHPFRC 的试验证满足以上性能的能力。

5.3 与暴露等级相关的要求(耐久性和耐磨性)

5.3.1 一般规定

为了使 UHPFRC 结构抵御环境侵蚀,其设计应符合 NF P 18-710:2016(尤其是第 4 章和第 7 章)的要求,并符合本标准中规定的与 UHPFRC 组成限值相关的材料要求(见 5.3.2)和材料某些特征的性能要求(见 5.3.3 和 5.3.4)。这些要求应考虑 UHPFRC 结构规定的设计使用年限。

5.3.2 UHPFRC 的组成要求

当结构位于暴露等级 XA1、XA2 或 XA3 所述环境中时，与胶凝材料一样，水泥应满足 5.1.2 的要求。

当在项目中应避免 UHPFRC 火灾后发生剥落的风险时，UHPFRC 中应含有由代表性试验确认的适量聚丙烯纤维。

5.3.3 与耐久性相关的性能要求

除 5.3.2 的要求外，在无特定耐久性要求的情况下，表 6 总结了基于性能的要求，以确保根据结构暴露等级和要求的设计使用年限（DWL），UHPFRC 结构的耐久性满足要求（表中“DWL”的取值参照 NF EN 1990）。

表 6　基于性能的耐久性要求

暴露等级	DWL(a)	要求	备注
XC1，XC2，XC3，XC4	50 年	—	4.2.2 的基本阈值
	100 年	—	4.2.2 的基本阈值
	150 年	Dp +，Dg +	
XS1，XS2，XD1，XD2，XF2	50 年	—	4.2.2 的基本阈值
	100 年	—	4.2.2 的基本阈值
	150 年	Dp +，Dc +，Dg +	
XF1，XF3	50 年	—	4.2.2 的基本阈值
	100 年	—	4.2.2 的基本阈值
	150 年	—	4.2.2 的基本阈值
XS3，XD3	50 年	—	4.2.2 的基本阈值
	100 年	Dp +，Dc +	
	150 年	Dp +，Dc +，Dg +	
XF4	50 年	—	4.2.2 的基本阈值
	100 年	Dp +，Dc +，Dg +	
	150 年	Dp +，Dc +，Dg + 和专题研究	
XA1	50 年	—	4.2.2 的基本阈值
	100 年	—	4.2.2 的基本阈值和 5.1.2 的具体要求
	150 年	Dp +，Dc +，Dg +	5.1.2 的具体要求

表 6(续)

<table>
<tr><th>暴 露 等 级</th><th>DWL(a)</th><th>要　　求</th><th>备　　注</th></tr>
<tr><td rowspan="3">XA2,XA3</td><td>50 年</td><td>—</td><td>4.2.2 的基本阈值和
5.1.2 的具体要求</td></tr>
<tr><td>100 年</td><td>Dc +</td><td>5.1.2 的具体要求</td></tr>
<tr><td>150 年</td><td>Dp +,Dc +,Dg +</td><td>对于非静态条件下的 XA3 等级,通过专题研究对 5.1.2 的具体要求进行补充</td></tr>
<tr><td colspan="4">防止延迟钙矾石形成的附加要求(b)(见 4.2.1):当构件的尺寸或所在地,或与 UHPFRC 生产方案及成熟度相关的热处理,不能消除构件在生产期间或使用年限期内暴露于温度高于 65℃并且持续 4h 以上的环境中的风险。</td></tr>
<tr><td rowspan="3">XH1</td><td>50 年</td><td>—</td><td>4.2.2 的基本阈值</td></tr>
<tr><td>100 年</td><td>—</td><td>4.2.2 的基本阈值</td></tr>
<tr><td>150 年</td><td>Dp +</td><td></td></tr>
<tr><td rowspan="3">XH2</td><td>50 年</td><td>—</td><td>4.2.2 的基本阈值</td></tr>
<tr><td>100 年</td><td>(c)</td><td>4.2.2 的基本阈值和(b)</td></tr>
<tr><td>150 年</td><td>Dp + 和(c)</td><td></td></tr>
<tr><td rowspan="3">XH3</td><td>50 年</td><td>(c)</td><td>4.2.2 的基本阈值和(b)</td></tr>
<tr><td>100 年</td><td>Dp + 和(c)</td><td></td></tr>
<tr><td>150 年</td><td>Dp +,Dc +,Dg + 和(c)</td><td></td></tr>
<tr><td colspan="4">[a] 对 DWL 为 150 年的要求适用于 DWL 严格大于 100 年的重要项目。DWL 超过 200 年时,需要进行专门研究。
[b] 如果仅在意外火灾情况下超过 65℃的温度,则无须应用这些附加要求。
[c] 基于 LPC66 试验方法的性能验证,延迟钙矾石形成的风险应被排除[6]。</td></tr>
</table>

5.3.4 与磨损风险相关的要求

如果 UHPFRC 暴露在不同严重程度的水力磨损风险中,可参考UHPFRC相应的分级(见 4.2.3),根据表 7 给出要求。

表 7　抗水力磨损要求

环 境 等 级	分 类 等 级
XM1	RM1、RM2 或 RM3
XM2	RM2 或 RM3
XM3	RM3

注:这种分级不适合描述不受水或流体流动影响的冲击和摩擦时的磨损抗力。在这种情况下,使用具有足够强度的 UHPFRC 来消除厚度影响,是标准制定者规定的要求。

5.4 新拌 UHPFRC 的要求

5.4.1 稠度

新拌 UHPFRC 的稠度通常被与目标值相关的标准所涵盖，该目标值应在一个范围不超过目标值 15% 的区间内，该标准考虑了新拌 UHPFRC 浇筑的各个方面。该标准与指定的工作时间相结合，工作时间四舍五入到 15min。应参照下列试验之一进行表述，具体取决于 UHPFRC 中纤维及集料的尺寸：

a）流动台试验（根据 NF EN 12350-5）；

b）使用 ASTM 锥体进行坍落度流动试验（改编自 ASTM C230/C230M）；

c）使用坍落度锥进行坍落度流动试验（参考 NF EN 12350-8）。

注 1：试验的选择宜根据标准制定者、用户和供应商之间的相互协议确定。

注 2：对于 UHPFRC，宜注意这些试验测量不确定性的影响，将结果四舍五入到厘米（10mm）。

如果未规定目标值，则应参考稠度等级 CA、CV 或 CT（见 4.3.1）来规定 UHPFRC的稠度，且应结合规定的保稠工作时间四舍五入到 15min。

应在泵送后（若相关）、浇筑前检查 UHPFRC 的稠度。

稠度也可在搅拌机卸料后、运输至现场后或浇筑期间立即确定，以便满足各方相互矛盾的需要。

5.4.2 含气量

当需要确定 UHPFRC 的含气量时，应按照 EN 12350-7 进行试验。

注：无论有无除冰盐，UHPFRC 对冻融循环的抵抗力对含气量均无特殊要求，参见 5.3.3。

5.4.3 集料最大粒径

应按 NF EN 933-1 对集料最大粒径（D_{upper}）进行试验。

注：当应为新拌 UHPFRC 测定 D_{upper}时，宜在有关各方同意的情况下采用符合 NF EN 933-1 的筛分程序，并在清洗 UHPFRC 后提取集料进行筛分。

NF EN 12620 + A1 中定义的集料最大粒径（D_{upper}）不应大于规定值。

5.4.4 浇筑前新拌 UHPFRC 的均匀性

UHPFRC 生产商应确保 UHPFRC 从拌合站到其使用地点的运输和处理中，避免离析、裹入空气或带入异物。生产商还应确保 UHPFRC 生产和浇筑结束之间的时间间隔与规定的工作时间保持一致。

注 1:NF P 18-451 中给出了适用于运输和处理新拌 UHPFRC(浇筑前)的相关条款,以确保符合这些要求。

如果适用,在 UHPFRC 从搅拌机卸料后可添加外加剂或外加剂补充剂,但应在鉴定试验和适用性试验阶段验证其合理性。加入这些组分构成新拌 UHPFRC 生产过程的一部分,应在进料后采集用于对比试验的样品。此外,在 UHPFRC 从搅拌机卸料后,不应对名义配合比的任何组分进行任何添加。

在系统检查稠度的同时,应在新拌 UHPFRC 浇筑之前立即对其均匀性进行检查。为此应采集样品来表征颗粒分布的均匀性、纤维分布的均匀性、无纤维结团及基体的结块。对这些样品进行定性或定量分析的检查应在适用性试验中进行,以验证 UHPFRC 的运输和浇筑条件,这是 NF P 18-451 中详述的施工规范的一部分。

在 UHPFRC 均匀性方面要达到的目标应由适用性试验确定。NF P 18-451 规定了在生产过程中进行的检查。

注 2:通常通过肉眼检查来判定有无纤维结团及基体的结块。对于 M 型 UHPFRC,纤维的均匀性和分布可以通过样品洗涤后的称重来验证。

5.4.5 新拌 UHPFRC 的浇筑和整平

UHPFRC 应按照 NF P 18-451 的要求进行浇筑。浇筑过程应确保材料的均匀分布,特别是应达到规定的尺寸、外观和力学性能要求。

在浇筑新拌 UHPFRC 时,可能尚未在对照模型中采用适用性试验进行定量评估,新拌 UHPFRC 的浇筑方法应避免出现离析、不必要的空气裹入、纤维分布不均匀现象,也应避免在浇注新拌材料时产生纤维取向。

用于浇筑新拌 UHPFRC 的生产过程应是可重复的。这一过程应由相关各方达成协议,并在适用性试验后进行验证,该试验解释了为达到要求性能而采用的方法和手段。

5.4.6 浇筑温度

符合本标准要求的 UHPFRC,表示它是在环境温度高于 -5℃ 时进行生产、运输和浇筑的,在没有符合 NF P 18-451 的具体相关规定时,环境温度低于 40℃。

NF P 18-451 中规定了在特定条件下 UHPFRC 的生产、运输和浇筑需要的环境温度范围。所有相关方遵守这些规定是 UHPFRC 符合本标准的重要组成部分。

5.4.7 养护

应进行养护，并应在浇筑后尽快进行养护，直至最关键区域 UHPFRC 的平均抗压强度至少达到指定f_{ck}值的30%，除非专门研究表明，使用不同的目标值对材料性能和耐久性没有不利影响。是否达到此目标的规定应通过适用性试验进行验证。

注：可以通过大量的试验样本或适合 UHPFRC 的成熟度监测方法来明确这些规定的有效性。

NF P 18-451 详叙了养护方法。除非提供具体证据，否则不能从表面养护中免除防止早期强烈的自干缩效应的方法。

关于养护的重复性，要求将 5.4.5 中提到的 UHPFRC 浇筑规定纳入适用条款的说明中，并在适用性试验结束后进行验证，并由 UHPFRC 用户和标准制定者之间达成的协议涵盖。除了达到足够的抗压强度之外，为了验证协议的这个方面，在适用性试验期间制造的控制模型上的养护效率特征可以基于定性标准（外观、与面层颜色和外观的协调、无裂纹）和/或定量标准（原位测量抗渗性，如吸水率）。

在生产过程中，应按照 NF P 18-451 检查养护协议条款的有效性。

为确保在 UHPFRC 生产和浇筑过程中环境湿度和热条件发生变化时养护过程的有效性而可能对规定进行的调整，应由生产商和标准制定者根据更新初始适用性试验措施达成的协议所涵盖，同时不需要进行新的适用性试验。

5.4.8 热处理

在本标准中，对 TT1 和 TT1 +2 类型新拌 UHPFRC 进行的热处理，有助于显著改变硬化状态下的最终性能，热处理后测得的平均抗压强度比相同阶段未在凝固之前进行热处理的相同 UHPFRC 的平均抗压强度高 7%。

对于某些 TT1 型的 UHPFRC 和 TT2 或 TT1 +2 型的 UHPFRC，无论是对新拌还是硬化的以及在硬化状态下显著改变其最终性能进行的热处理，在设计研究期间均应通过鉴定试验进行微调，或应在取得材料的合格证之前，通过 UHPFRC 构件在热处理期间经受的温度和水合条件的时间曲线加以表征。在该阶段应特别检查热处理的效果是否能够满足 4.3.3 中的要求。

对于 TT1 或 TT1 +2 型 UHPFRC 材料，在凝固的最初几小时开始对 UHPFRC 进行热处理，其主要作用是在不改变材料最终性能的情况下加速其凝固和硬化，应事先通过一项通用研究才允许对所考虑的材料进行等效时间调整。适合构件的热处理应进行专门的微调，并通过适用性试验进行验证。它应以热养护期间UHPFRC构件所受的温度与水合条件的时间函数来表征。

在所有情况下，热处理的特征与构件所处的环境条件有关，如果需要，应包括热处理开始时材料龄期(或等效龄期)、(温度、持续时间、各变量的偏差)达到稳定阶段前的稳定上升速率和各种形式热处理后冷却至环境温度的速率。其他特征还应包括每次热处理期间的相对湿度条件。龄期小于24h时应以最接近的15min表示，其他则以最接近的小时表示。温度应表示为最接近的温度，相对湿度值应四舍五入到5%。

在适用性试验中，进行热处理有助于验证UHPFRC的选择，因而应核查热处理后UHPFRC是否达到规定的性能。在这一阶段还应检查热处理的效果是否符合4.3.3的要求。

为使起始凝固、加速凝固和初始硬化的过程提前，可对UHPFRC进行中等幅度的热处理(有时称为“热养护”“养护”或“通过热处理加速水合作用”)。热处理只会通过改变这些材料的时变性能(材料等效龄期的函数)改变材料的早期性能，特别是强度、收缩和徐变，其终值仍保持不变。因此，进行热处理时，应确保其早期性能与计算结果一致。

注1：成熟度监测可通过对强度增长的单一初始校准，确保符合这一要求。

除非提供具体证明，否则在对熟混凝土进行热处理之前，对TT1型和TT1+2型UHPFRC的热处理应限制在12h的总持续时间和最高混凝土温度60℃内。

另一方面，当热处理显著改变某些性能，特别是热处理后的强度及其演变、耐久性、收缩和徐变等相关性能(对应于熟混凝土经过热处理后，某些类型的TT1型UHPFRC和TT2型及TT1+2型UHPFRC)时，这些影响应在设计阶段(或材料的合格证上)加以说明，以便在项目中适当考虑。

UHPFRC用户进行内部检查的规定应涵盖热处理规程的相关规定，并应由供应商进行外部检查。应通过整个热处理期间的温度和湿度记录证明已对热处理方案进行了检查。

在环境温度条件下凝固和硬化之前，有关热处理方法调整的任何规定应由UHPFRC用户设定。

按设想的生产过程，UHPFRC结构或构件的降温冷却不构成热处理等级且符合NF P18-451。应通过适用性试验验证工序微调的有效性。

注2：降温冷却过程的相关要求应符合NF P18-451中的详细规定。

5.5 硬化UHPFRC的要求(结构用途)

5.5.1 一般规定

除非另有规定，否则硬化UHPFRC要求的性能，包括与耐火和火灾作用下的剥落控制相关的性能,对于 STT 型或 TT1 型 UHPFRC,应在 28d 龄期时对试件进行试验,对 TT2 型或 TT1 +2 型 UHPFRC,则应在热处理后试验。如有特殊用途,则需要指出其在不同时段的特性,并应在标准中予以说明。特别是对于 TT2 或 TT1 +2 型 UHPFRC,在热处理前需要证明其在施工阶段的性能。

5.5.2 抗压强度

应按 NF EN 12390-3:2012 的规定通过试验确定 UHPFRC 的抗压强度,试件为直径 110mm,长径比 2 的标准圆柱体,试件应符合 NF EN 12390-1 和 NF EN 12390-2 的要求。附录 C 给出了其他说明,特别是对其他形状或尺寸的试件。

根据 NF P 18-710:2016 的说明,受压设计极限应变的标准测定和用于非线性结构分析设计本构行为的平均强度应来自鉴定试验或材料合格证。

强度标准值的测定应按照附录 B 进行。

UHPFRC 的强度标准值应大于或等于项目规定等级的最小强度标准值(见表 5)。此外,它应大于或等于 UHPFRC 所属强度等级的最小强度标准值(见表 5),且不超过该最小强度标准值 40MPa 以上。

注:项目规定的最小标准值区别于所选 UHPFRC 的最小强度标准值。

5.5.3 密度

UHPFRC 的干密度应在烘箱干燥后按 NF EN 12390-7 的规定进行测定,且符合以下规定:

a)可以使用被研磨的试件;

b)试件的最小体积减少到 0.5L;

c)结果取最少 3 个试件的平均值。

密度的平均值应严格按 4.4.2 给出的等级限值执行。对于每个单一结果,允许相对于下限值的偏差为 $-100kg/m^3$,相对于上限值的偏差为 $+100kg/m^3$。特殊情况下,当密度以目标值表示时,单个结果的偏差为 $\pm 100kg/m^3$,均值偏差为 $\pm 50kg/m^3$。但通过试验确定的 UHPFRC 密度平均值不应低于 $2200\ kg/m^3$,也不应超过 $2800kg/m^3$,以符合常规密度等级(见 4.4.2)。

对于含有机纤维的 UHPFRC,一般须调整干燥条件,并应在试验报告中对其进行说明。此外,可在不同的湿度控制条件下测量其密度。应在试验报告中说明与记录这些条件。

5.5.4 拉伸特性

应根据结构构件的几何形状,按照附录 D(棱柱体弯曲试验)或附录 E(薄板弯曲试验),对 UHPFRC 在拉伸下的行为进行测量和分析。应根据所考虑的结构部件和方向,按照附录 F 确定表示纤维分布和方向影响的取向系数 K。

UHPFRC 在受拉情况下所要求的性能应按照以下 3 项规定进行详细说明:

a)抗拉性能等级(见 4.4.3)。

b)将材料拉伸的特征本构曲线与由模具成形试件确定的特征本构曲线的试验估计进行比较,对应的应力值四舍五入到最接近的 0.1MPa。应明确给出弹性极限和开裂后强度的标准值。

注:如果使用 NF P18-710:2016 中 3.1.7.3.2 和 3.1.7.3.3 中的常规准则,则该标准中的相应部分给出相关参数[弹性极限、开裂后强度、局部峰值应力对应的裂缝宽度或裂缝宽度 0.3mm时(若无峰值)相应的应力、裂纹宽度达到棱柱体试件高度的 1% 时相应应力等],并且描述 UHPFRC 受拉作用下本构特性。在不使用常规准则的情况下,标准给出一组最大特征应力值和可描述特征拉伸行为的值。

c)一组取向系数 K_{global} 和 K_{local},在结构的不同部分和不同方向的设计验证中,依赖于 UHPFRC 在拉伸作用下的贡献。在应用拉伸 UHPFRC 分项系数(γ_{cf})之前,根据附录 F,将这些取向系数应用到以上拉伸响应本构曲线上可获得能够代表拉伸行为的曲线,根据 NF P 18-710:2016 可用于结构设计中。

根据 NF P 18-710:2016,特别用于常规测定锚固长度和最小搭接长度以及用于非线性分析的压缩本构设计准则的开裂后强度的平均值,应来自材料的鉴定试验或合格证。应根据结构构件的几何形状,按照附录 D(棱柱体弯曲试验)或附录 E(薄板弯曲试验)来确定该平均值。

5.5.5 抗火性

根据 NF EN 13501-1 + A1,符合该标准的 UHPFRC 被归为 A1 级。如果在其中均匀分布的有机材料的重量或体积掺量(取最低值)小于 1%,则不需要试验[4)]。否则,可根据 NF EN 13501-1 + A1 的试验进行分级。

[4)] 根据 2002 年 11 月 21 日关于建筑产品抗火性的指令,反映了欧洲委员会 1994 年 9 月 9 日的决定(94/611/EC),在欧洲共同体官方公报 1994 年 9 月 9 日第 L 241/25 期上发布。

5.5.6 高温下的物理和力学性能

NF P 18-710:2016 描述了通过足尺试验或热力学模拟验证确保 UHPFRC 结构的抗火能力的方法。

通过计算进行验证时,需要了解与温度相关的物理和力学性能:热导率、比热、密度、热膨胀、弹性模量、拉伸强度和抗压强度,以及必要时的瞬态热变形。

密度、比热和热导率随温度的变化应由 NF EN 1992-1-2 得出,其精度如下:

a)密度变化参照本标准的 3.3.2(3);

b)比热参照本标准的 3.3.2(1);

c)热导率参照 NF EN 1992-1-2/NA:2007 的 6.3.1(1)。

对于所考虑的 UHPFRC,热膨胀和弹性模量随温度变化,应依据鉴定试验或材料的合格证确定抗拉和抗压强度。应对未进行干燥保护的试样进行测定,直至结构达到所考虑的场景中的最高温度,并且至少达到 600℃。

所使用的方法,主要来自 RILEM 技术委员会的规程"高温下混凝土的力学性能试验方法",并在 RILEM 指南第 1 部分[7]完整介绍如下:

a)压缩强度的温度演变:RILEM 指南第 3 部分[8],在加热条件下至少测定 3 个试样(符合附录 C,长细比等于 3 除外),在施加荷载之前使其达到温度。每个试验样本的结果与平均值相差不应超过 10%;应取试验结果中最小值。

b)弹性模量的演变:RILEM 指南第 5 部分[9],在加热条件下至少测定 3 个试样(符合附录 C,长细比等于 3 除外),在施加荷载之前使其达到温度。每个试样的结果与平均值相差不应超过 20%;应取试验结果的平均值。

c)热膨胀:根据 RILEM 指南第 6 部分[10],试样符合附录 C 的要求,结果为 2 个试样的平均曲线。相对于平均曲线的均方根偏差应小于 20%。

d)拉伸行为:通过对 3 个试样进行弯曲试验,在加热状态下进行测定,在施加荷载之前使其达到温度(按照指南[8]的 6.3.2 的规定),根据构件的厚度,按附录 D 或附录 E 进行试验和分析。3 个试样各自的最大抵抗矩与平均值相差不应超过 20%;选定的曲线应该是最小抵抗矩对应的曲线。

如果这些数据需要作为复杂火灾计算模型的一部分,瞬态热应变应按照 RILEM 指南第 7 部分[11]在压缩下根据附录 C 试验样本确定,不受干燥影响,承受的压缩应力等于强度标准值的 30%,直至所考虑的情况中结构达到最高温度,并至少达到 600℃。结果以 2 个试验样本的平均曲线为准。对于小于或等于 300℃的温度,两条曲线之间的差值应小于 4mm/m。

5.5.7 火灾作用下的剥落控制

当在项目中依据给定情形考虑火灾的行为时,应根据 NF P 18-710:2016 检查对结构或暴露部件中 UHPFRC 剥落风险的控制。

UHPFRC 在火灾作用下对剥落的敏感性由 UHPFRC 的成分决定,但不构成材料的固有特性。对于考虑火灾情景的实际结构的代表(与几何形状和载荷有关的)构件,应通过试验量化其对剥落的敏感性。

掺入足够的聚丙烯纤维,通常会降低甚至消除 UHPFRC 在遭受火灾时对剥落的敏感性。

5.5.8 杨氏弹性模量

UHPFRC 的杨氏弹性模量不能简单地从它们的抗压强度推断出来。NF P 18-710:2016 给出了设计所采用杨氏弹性模量值的说明。

当应确定 UHPFRC 的杨氏弹性模量时,应按照附录 C 进行测量。所得到的值是至少 3 个试样的平均值,结果四舍五入到 GPa。

当杨氏弹性模量值被指明时,应采取目标值的形式。获得的平均试验值应符合该目标值,其公差为 ±5%,相对于目标值,各个结果的相对误差为 ±10%。

5.5.9 单轴压缩下的破坏应变

在设计中,UHPFRC 在单轴压缩下的破坏应变通常根据 NF P 18-710:2016 中 3.1.7.2 的指示获得,不由特定的要求确定。

在设计中,非线性结构分析的压缩本构行为通常根据 NF P 18-710:2016 中 3.1.7.2的指示获得,不由特定的要求确定。

5.5.10 收缩

5.5.10.1 一般规定

不可简单地从抗压强度中推断 UHPFRC 的收缩,它从凝固开始时就迅速发展,其幅度通常需要采用施工方法来预防。当在浇筑阶段结束后和浇筑期间对UHFRC 进行适当养护时,UHPFRC 的收缩主要是自收缩。对于 TT1 型或 TT1 +2 型 UHPFRC,部分收缩发生在干燥过程中。对于 TT2 型或 TT1 +2 型 UHPFRC,可认为在热处理结束时所有收缩都已发生。

5.5.10.2 总收缩量

从凝固开始到90d龄期之间发生的总收缩量是综合数据，如相关，则为UHPFRC合格证的一部分。确定它的参考条件如下：

—养护24h，除非进行热处理；

—随后在(20±2)℃和(50±5)%相对湿度下储存；

—在测量长度上，测量试样沿其最大尺寸的变形至少为最大横向尺寸的2倍；

—校正所测量的变形以减去任何热收缩/膨胀；

—根据NF EN 480-2，在未修改的UHPFRC上测量，开始测量时间不晚于凝固的开始，或超声波速度不超过2500 m/s时。

从凝固开始到90d龄期之间发生的总收缩量可构成特定要求。在这种情况下，如果没有可用或适用的标准化方法，其确定程序和验收标准的附加细节，应由生产者、标准制定者和用户之间相互约定。建议以目标值的形式指定此要求，并与所获得的试验值的容差相关联，典型的容差为目标值的±10%。

注：试验确定的UHPFRC收缩演变可为控制早期约束变形的影响提供有用信息，并在必要时应用NF P 18-710:2016的2.3.3和V.1。为了更具代表性或在设计中使用，试验条件可以通过相关方之间的共同协议进行调整。

5.5.10.3 计算确定

当考虑的问题与UHPFRC中所考虑的构件相关，NF P 18-710:2016提供了收缩时变规律的相关说明，用于计算和控制考虑了其他规定变形和荷载的任意收缩效应。

然后，可采用NF EN 1992-2:2006附录B中的模型，通过NF EN 1992-2:2006的B.104校准与动力学有关的幅值和系数来描述收缩的时变。对于TT1型或TT1+2型UHPFRC，时变应以等效时间表示，特别是在热处理过程中的早期。校准包括调整系数，通过对平均试验结果进行最小化二次误差。幅值系数四舍五入到最接近的10μm/m。

5.5.10.4 收缩效应的控制

根据项目，其他程序可由生产者、标准制定者和用户之间的共同协议确定，表征允许的收缩或是没有必要的计算验证时的收缩效应。这些程序应具体规定所用试样几何形状、持续时间和试验条件以及试验的操作条件，并结合相关要求解释结果。

5.5.11 徐变

5.5.11.1 一般规定

UHPFRC 的徐变不能简单地从它们的抗压强度推断出来。对于作用在硬化的 UHPFRC 上的荷载,干燥徐变非常低,其徐变小于高性能混凝土。对于 TT2 型或 TT1 +2 型的 UHPFRC,可以认为热处理并施加荷载后几乎不存在徐变。

5.5.11.2 计算确定

当考虑的问题与 UHPFRC 构件相关时,NF P 18-710:2016 提供了徐变规律的相关说明,用于计算和控制考虑了其他规定变形和荷载的任意徐变效应。

宜根据 NF EN 1992-2:2006 附录 B 中的模型,通过校准 NF EN 1992-2:2006 中 B.104 相关的动力学的幅值和系数来描述徐变的发展。对于此校准,参照条件为(20 ±2)℃,用于试验测定徐变变化(基本徐变或总徐变),在(50 ±5)% 相对湿度情况下确定干燥徐变。对于 TT1 型或 TT1 +2 型 UHPFRC,此变化应以等效时间表示,特别是在热处理期间的早期。校准包括通过对平均试验结果进行最小化二次误差处理从而调整系数。特定徐变的幅值系数四舍五入至最接近 1μm/m/MPa。

当需要通过试验确定 UHPFRC 的徐变时,在 UHPFRC 仍处于快速强度发展阶段的情况下进行加载,应采取适当的预防措施进行试验和试验结果解释。

根据项目,UHPFRC 在加载时代表性材龄的徐变系数,可能成为一项具体要求。在没有可用或适用的标准化方法的情况下,其确定程序和可接受条件的细节应由生产者、标准制定者和用户之间的共同协议来定义。建议以目标值的形式指定此要求,并对获得的试验值采用 ±0.1 的公差。

5.5.11.3 徐变效应的控制

根据项目,其他程序可以通过生产者、标准制定者和用户之间的共同协议来确定,表征允许的徐变或是没有必要的计算验证时的徐变效应。这些程序应特别说明所用试样几何形状、持续时间和试验条件以及试验的操作条件,并结合相关要求解释结果。特别是,如果根据 NF P 18-710:2016 进行的计算不能证明控制了 UHPFRC徐变效应,例如由于所使用的 UHPFRC 不在本标准范围内,UHPFRC 构件及预应力结构则应通过试验来证明。

5.5.12 热膨胀系数

UHPFRC 的热膨胀系数根据所用材料的不同而变化。NF P 18-710:2016 给出了用于计算的热膨胀系数值。

当需要确定 UHPFRC 热膨胀系数时,应根据 NF EN 1770 进行测量。它应表示到最接近的 0.5μm/m/℃。

考虑到它通常会根据所用的 UHPFRC 在 8~14μm/m/℃之间变化,可指定热膨胀系数的值。试验值的误差是 ±1μm/m/℃。

5.6 合格证

5.6.1 说明信息

合格证应包括与所有要求和资源相对应的明确说明,以便能够以可再现的方式(规定或可能要规定的要求)获得已确定的性能:

a)UHPFRC 的名义配合比(成分描述、配合比、容差、D_{upper}),包括预混合物成分,如有;

b)搅拌过程的一般原则;

c)所采用的热处理及对这种处理的描述,当它显著影响硬化状态下的性能时(一些 TT1 型、TT2 型或 TT1+2 型 UHPFRC);

d)根据本标准分类(特别与有助于产生非脆性破坏的纤维类型相关联)和命名。

5.6.2 最低要求

合格证应至少包括 5.3、5.4 和 5.5 中定义的以下要求,除收缩、孔隙率(小于 5 年)和热膨胀系数(小于 10 年)外,应在 2 年内测量或检查核对这些要求:

a)稠度和工作时间;

b)抗压强度标准值(TT2 型和 TT1+2 型 UHPFRC 的 28d 时,STT 型和 TT1 型 UHPFRC 的后置热处理之前和之后);

c)最大应力和描述拉伸特征行为的值(STT 型和 TT1 型 UHPFRC 的 28d 时,TT2 型和 TT1+2 型 UHPFRC 的后置热处理之前和之后),以及拉伸性能等级,参照给定的浇筑过程和系数 K;

d)弹性模量;

e)密度；

f)含气量；

g)在 90d 时测量的水孔隙率；

h)氯离子的表观扩散系数；

i)透气性；

j)热膨胀系数；

k)在 5.5.10 中定义的总收缩量。

5.6.3 其他特性

UHPFRC 的合格证可包括作为 5.3、5.4 和 5.5 中所述要求的一部分的额外特性，或者根据生产者的倡议，特别是为了满足更全面的一组规定的要求，提供用于根据 NF P 18-710:2016 验证合理性的计算数据，特别是：

a)最大应力、描述拉伸状态下特性行为的值(STT 型和 TT1 型 UHPFRC 的 28d 时，TT2 型和 TT1 +2 型 UHPFRC 的后置热处理之前和之后)和拉伸性能等级(参照其他给定用途，特别是不同的厚度，加上采用的浇筑过程和所获得的系数 K)；

b)与收缩(5.5.10)和徐变(5.5.11)相关的特征；

c)与抗火性相关的分类，如适用，表征耐热不稳定性的数据，以及与耐火性计算相关的参数；

d)耐磨性能；

e)平均抗压强度；

f)平均最大开裂后应力；

g)描述高加载速率下本构行为的特征。

生产者应根据要求向标准制定者提供确定 UHPFRC 合格证(试验报告、内部控制数据、离散性等)数值的详细信息。

6 UHPFRC 的规定

6.1 一般规定

对于给定工程项目的实施，超高性能纤维增强混凝土（UHPFRC）的标准制定者应确保与 UHPFRC 须具备的材料特性相对应的各项要求均包含在为生产者制定的规定中。在 UHPFRC 的运输（包括交付前后）、浇筑和后续的处治中，标准制定者应指明与UHPFRC须具备的材料特性相对应的所有要求。也应指明其他一些特殊要求，例如面层表观特性等。

为实现此目的，标准制定者应考虑以下几方面：

a）新拌 UHPFRC 和硬化 UHPFRC 的用途；

b）养护和储存条件；

c）结构物的尺寸（热过程）；

d）结构物受到环境侵蚀和所处的工作条件，这与结构预期的耐久性有关；

e）与面层表观特性和表面修饰有关的要求；

f）与截面厚度、钢筋或预应力筋保护层以及 UHPFRC 浇筑条件相关的要求。

这里，UHPFRC 被特指为一种“可被设计的 UHPFRC”材料（见 3.1.1.3）。通过从材料合格证上的综合试验数据或者鉴定试验来选择指定的 UHPFRC 材料，从而使其具备特定的材料性能。进行适用性试验，以确认这些材料特性能满足工程项目的要求。

6.2 基本规定

对于给定的工程项目，与 UHPFRC 相关的规定应包括：

a）对本标准规定的符合性；

b）抗压强度等级；

c)使 UHPFRC 具有非脆性特性的纤维类别;

d)稠度目标值,或者稠度等级(该稠度指标用于同 UHPFRC 规定工作年限有关的所有情况);

e)热处理类别,以及相关的控制参数(如适用);

f)符合 5.5.4 的相关规定,并由 UHPFRC 拉伸特性类别、材料的拉伸特性曲线以及一组适用于被考虑结构的取向系数所描述的取值;

g)适用于所涉及结构部件的暴露等级指标;

h)项目的设计使用年限。

6.3 其他要求

由于工程项目的自然条件和相关要求,在 UHPFRC 的规定中可能需要包含以下与材料和结构构件相关的数据:

a)对于 XA1、XA2 和 XA3 暴露等级,能使与耐久性相关的要求得以满足的化学侵蚀数据;

b)项目的火灾暴露特性,UHPFRC 构件的耐火时间和可能遭遇的火灾类型;

c)耐磨性能等级;

d)如有必要,考虑项目设计使用年限、抗渗性能等级;

e)集料最大粒径(若相关)。

根据工程项目的要求,在 UHPFRC 的规定中可能需要包括下列以材料性能的形式体现的特性,这些材料性能与规定的试验方法得到的材料特性目标值或阈值有关。根据项目的自然条件和相关要求,在规定中还应指明条件,用以检测这些要求是否被满足,特别是进行对照试验的频率。

a)与新拌 UHPFRC 稠度相关的其他特性(如有必要,由稠度等级或目标值来确定);

b)与 UHPFRC 材料强度发展相关的特性,例如早期强度(与拆除模板或施加预应力有关);

c)密度;

d)热膨胀系数;

e)杨氏弹性模量;

f)泊松比;

g)收缩特性(见 5.5.10);

h) 徐变特性(见 5.5.11);

i) 动力特性,冲击强度等;

j) 新拌 UHPFRC 的温度;

k) 新拌 UHPFRC 的含气量;

l) 根据 FD P18-503,UHPFRC 材料在面层表观特性方面的性能要求;

m) 含水孔隙率;

n) 氯离子扩散系数;

o) 气体渗透性;

p) 毛细吸水性;

q) 耐化学侵蚀性(溶析作用、酸侵蚀等)。

根据工程项目的要求,在 UHPFRC 的规定中可能需要包括以材料性能的形式体现的其他要求,这些材料性能与通过指定的试验方法得到的材料特性目标值或阈值有关。

尽管在 UHPFRC 材料的规定中更倾向于采用基于性能的方式表述相关的要求,其他规定中也可能采用基于排除或强制使用某种材料来源或一种特殊材料组分的方式。在此种情况下,标准制定者应当保证该成分的使用与 UHPFRC 的规定相匹配。

为了使 UHPFRC 达到规定的材料性能,可能还包括与资源和性能有关的其他规定,这些基于材料或其组分的规定与 UHPFRC 的生产过程、运输、浇筑以及 UHPFRC成熟过程中的处治方式有关。例如,基于材料的这些规定可能还与诸如防止结构表面的纤维腐蚀、表面处理方式或形成光滑表面等方面相关。在这些情况下,标准制定者应当保证这些指定的条件与 UHPFRC 的规定相匹配。

本标准的第 7 ~10 章指明了判定是否能在鉴定试验、适用性试验以及生产过程中的对照试验中满足 6.2 和 6.3 中的相关规定的条件。

7 鉴定试验和适用性试验

7.1 一般规定

由 UHPFRC 生产商实施或由其负责的鉴定试验包括:在考虑制造容差的影响时,核查 UHPFRC 的材料配合比是否能满足工程项目的具体要求。若存在材料合格证,UHPFRC 生产商可以根据其来判明材料满足部分或全部要求。如果没有材料合格证或其缺少适用的信息,应进行鉴定试验,用以确定某些规定的、但未预先研究过的材料特性。

在考虑了用于 UHPFRC 的制造、运输、浇筑、养护以及生产过程中采取所有处置措施的资源后,UHPFRC 生产商应进行适用性试验,以便标准制定者支持使用所提出的 UHPFRC 材料配合比。适用性试验还应当包括由新拌 UHPFRC 用户负责进行的对照组构件的生产,以验证所有的生产程序,特别是通过使对照组构件达到设定的性能指标,验证浇筑、养护或实施所有相关处置措施。

7.2 鉴定试验

7.2.1 鉴定试验的内容

鉴定试验应在给定项目所需 UHPFRC 的所有性能(详见第 6 章)的基础上进行。它包含验证由 UHPFRC 名义配合比得到的材料性能指标,以及检查该名义配合比在其组分的配合比达到边界容许值时可否保持鲁棒性。对 UHPFRC 抗压、抗拉强度和稠度指标进行鲁棒性的评估。该验证还应包括所有计划采用的热处理方式。

如此,应基于以下的混合物进行鉴定试验:

a)根据名义配合比得到的混合物;

b)与通过添加一次与重量偏差等量的胶凝材料和去除一次与重量偏差等量的附加的水而得到的固态衍生物相关的混合物;

c)与通过添加一次与重量偏差等量的附加的水和去除一次与重量容差偏量的胶凝材料而得到的液态衍生物相关的混合物。

应从每一种混合物中取样,进行以下基本规定中要求的相关试验:

a)适用于测试混凝土工作性的稠度试验,考虑新拌混凝土的温度。

b)采用适宜于混凝土工作性的试验方法,在一段时间内进行的定时稠度试验,以确定可以使用 UHPFRC 的实际周期。如有必要,可增加在代表性温度条件下(对应最可能的混凝土浇筑条件)的试验作为补充。

c)按照附录 C 的抗压强度试验(至少 3 个试件)。

d)按照附录 D 和 E 的抗拉性能试验。

对于按名义配合比得到的混合物,应当取样,进行以下补充试验:

—与本标准合格性(含水孔隙率、氯离子扩散系数、气体表观渗透性、密度以及符合 4.3.3 中与热处理相关的要求)相关的试验;

—与 6.3 中规定相关的补充要求,以及与确定 UHPFRC 活化能在等效时间内可进行后续重校验相关的试验。

7.2.2 鉴定试验的验收准则

7.2.2.1 一般规定

若以下条件全部满足,可认为鉴定试验是让人信服的:

a)含水孔隙率、氯离子扩散系数、气体表观渗透性和密度试验结果均符合 4.2.2 和 4.4.2 中的规定;

b)当采用热处理时,满足 4.3.3 中的规定;

c)与补充规定相关的试验结果均符合本标准的要求;

d)温度条件满足 5.2.10 中关于名义配合比及其衍生配合比的规定时,所有的稠度试验结果(按使用 UHPFRC 的实际周期为间隔进行测量)满足规定等级,或相对于目标稠度值,在规定的范围区间内;

e)对于按名义配合比及其衍生配合比得到的混合物的抗压和抗拉强度试验结果满足 7.2.2.2 和 7.2.2.3 的规定。

7.2.2.2 抗压强度试验值的验收准则

一方面:

按名义配合比得到的混合物的试验结果的算术平均值($f_{cm,n}$)应满足下列不等式(2)和(3)：

$$f_{cm,n} \geqslant f_{ck,req} + C_E - (C_{moy} - 3S_c) + 3 \quad (MPa) \tag{2}$$

$$f_{cm,n} \geqslant 1.1 f_{ck,req} \tag{3}$$

另一方面：

对于按衍生配合比得到的每一种混合物，抗压强度平均值应满足下列不等式(4)和(5)：

$$f_{cm,d} \geqslant f_{ck,req} + C_E - (C_{moy} - S_c) \quad (MPa) \tag{4}$$

$$f_{cm,d} \geqslant 1.05 f_{ck,req} \tag{5}$$

在以上不等式中，变量的单位均为 MPa。

式中：$f_{cm,n}$——按名义配合比得到的混合物的抗压强度算术平均值；

$f_{cm,d}$——按衍生配合比得到的混合物的抗压强度平均值；

$f_{ck,req}$——规定的抗压强度标准值；

C_E——根据 NF EN196-1 确定的用于鉴定试验的水泥 28d 抗压强度；

C_{moy}——根据 NF EN196-1 确定的水泥 28d 抗压强度平均值，由供应商在进行鉴定试验前的 6 个月内观测得到；

S_c——用于确定 C_{moy} 的测量值标准差。

7.2.2.3 抗拉强度试验值的验收准则

对于按名义配合比得到的混合物以及按衍生配合比得到的每一种混合物，由四点弯曲试验得到的弹性极限标准值($f_{ctk,el}$)的估计值应不小于其规定值 $f_{ctk,el,req}$。

对于按名义配合比得到的混合物以及按衍生配合比得到的每一种混合物，按附录 D 或附录 E 得到的拉伸性能特征曲线在所有点位的估计值，应不小于参照 6.2 得到规定准则的相应值。

对于按名义配合比得到的混合物以及按衍生配合比得到的每一种混合物，UHPFRC的拉伸特性应处于规定的或高于规定的性能等级。

7.3 适用性试验

7.3.1 适用性试验内容

7.3.1.1 须验证的性能

在任何情况下，适用性试验应包括对以下 UHPFRC 特性的检测：

a)稠度,由测试 UHPFRC 工作性的试验确定,并考虑新拌 UHPFRC 的温度。

b)可使用 UHPFRC 的实际周期,采用适宜于混凝土工作性能的试验方法,通过一段时间的定期稠度试验来确定。如有需要,可增加在代表性温度条件下(对应最可能的混凝土浇筑条件)的试验作为补充。

c)抗压强度(由附录 C 确定)。

d)拉伸特性(由附录 D 或附录 E 确定)。

当给定项目要求以下材料特性时,适用性试验还应包含的检测有:

a)新拌 UHPFRC 中的含气量;

b)考虑 UHPFRC 的浇筑条件时,与 UHPFRC 稠度相关的所有其他特性;

c)杨氏弹性模量;

d)材料强度的发展特性(例如早期强度,这与拆模、搬运、预应力张拉或热处理等方面的要求有关)。

为确认由名义配合比得到的 UHPFRC 是否满足指定的材料性能指标,试样应当取自具有代表性的一批 UHPFRC 材料,该批次 UHPFRC 在既定的条件下,按照经过验证的生产程序(搅拌、具有代表性的体积的材料的生产、运输、浇筑以及所有处治方式,若适用)生产。在开始浇筑该批次 UHPFRC 和浇筑结束时分别取试样。每一试件都应能用于确定新拌 UHPFRC 的指定材料性能,并且其中一半试件用于将要生产的硬化 UHPFRC 的试验。

为核查待系统试验的材料特性,所需的试验试件的最小数量要求如下:

—根据附录 C,抗压强度试验需 6 个试件;

—根据附录 D,拉伸特性试验需 12 个棱柱体试件;或根据附录 E,需 4 个板状试件。棱柱体试件的试验完成后,生产商的质量保证系统应当包含对纤维分布均匀性的检测。

当采用 5.4.8 中描述的热处理时,适用性试验还包括检查试件的制作和存储是否符合 4.3.3 中的相关规定。

7.3.1.2 控制模型

适用性试验还应包括可代表实际结构的控制模型的生产及其生产的条件。实物模型的某些尺寸可能被缩减,但在最小厚度方向、集中荷载作用面上应采取足尺模型,并且还应当能有助于发现浇筑 UHPFRC 的困难和约束变形。实物模型还应当能用于验证以下方面:

a)浇筑 UHPFRC 的方法,方法的有效性及其对于纤维方向的影响(由纤维取向

系数 K 的确定来表征),酌情包括在连续浇筑混凝土时的特定规定;

b)混凝土养护的规定;

c)为重新开始浇筑混凝土所需区域做好相关准备的规定;

d)若适用,满足面层所规定的质量要求;

e)若必要,满足结构尺寸偏差和混凝土保护层的要求;

f)若适用,以可控的方式进行热处理的能力;

g)若必要,拆除模板、支架以及材料强度发展的要求。

标准制定者、UHPFRC 生产商和主要承包商(除产品标准可涵盖的 UHPFRC 预制件的生产以外)之间关于对照组构件及与该构件相关的适用性试验程序的详细说明应达成一致,包括用以确定取向系数 K 的取样计划等。应根据附录 F 的相关要求,确定取向系数 K。

7.3.2 适用性试验的验收准则

7.3.2.1 一般规定

若以下条件全部满足,可认为适用性试验是让人信服的:

a)温度条件满足 5.2.10 中的相关规定或温度条件代表设想的生产过程时,所有的稠度试验结果(按使用 UHPFRC 的实际周期为间隔进行测量)满足规定等级的要求,或相对于目标稠度值,在规定的范围区间内;

b)抗压强度和拉伸特性试验结果满足以下要求;

c)当采用 5.4.8 中描述的热处理时,满足 4.3.3 中的规定;

d)当项目中指明以下这些特性时,新拌 UHPFRC 的含气量、与一定浇筑条件下的新拌 UHPFRC 稠度相关的其他特性、杨氏弹性模量或强度发展特性等试验结果均符合相应目标值的指定范围;

e)在结构的所有部分及所考察的方向上,取向系数 K_{global} 和 K_{local} 不大于规定值;

f)在对照组构件的制备过程中,UHPFRC 的浇筑和处置程序被对照组构件获得的规定性能指标验证。

7.3.2.2 抗压强度试验的验收准则

若满足不等式(6)和(7),则抗压强度试验结果被判定为符合要求:

$$f_{cm} \geq f_{ck,req} + C_E - (C_{moy} - 3S_c) \quad (6)$$

$$f_{cm} \geqslant 1.1 f_{ck,req} \tag{7}$$

在以上不等式中，变量的单位均为 MPa。

式中：f_{cm}——抗压强度算术平均值；

$f_{ck,req}$——规定的抗压强度标准值。

—对于未使用预混料而制备的 UHPFRC：

—C_E 为根据 NF EN-196-1 确定的用于鉴定试验的水泥 28d 抗压强度；

—C_{moy} 为根据 NF EN-196-1 确定的水泥 28d 抗压强度平均值，由供应商在进行鉴定试验前的 6 个月内观测得到；

—S_c 为用于确定 C_{moy} 的测量值标准差。

—对于由预混料制备而成的 UHPFRC：

—C_E 为根据附录 G 确定的用于鉴定试验的对照组材料（由预混料制备）的抗压强度；

—C_{moy} 为根据附录 G 确定的对照组材料的抗压强度平均值，由供应商在进行适用性试验前的 6 个月内观测得到；

—S_c 为用于确定 C_{moy} 的测量值标准差。

7.3.2.3 拉伸特性试验的验收准则

若以下条件均满足，则模制的试验试件（根据附录 D 或 E 进行制备和分析）的拉伸特性试验结果被判定为符合要求：

a）由试验得到的每一弹性极限值 $f_{cti,el}$ 均大于规定标准值 $f_{ctk,el,req}$ 的 1.0 倍；

b）弹性极限值 $f_{cti,el}$ 的平均值（记为 $f_{ctm,el}$）大于规定标准值 $f_{ctk,el,req}$ 的 1.05 倍；

c）按附录 D 或附录 E 得到的拉伸性能特征曲线在所有点位的估计值，应当大于等于参照 6.2 得到规定准则的相应值；

d）按附录 D 或附录 E 得到的拉伸性能平均曲线在所有点位的估计值，超过弹性极限，应当大于等于参照 6.2 得到规定准则的相应值的 1.1 倍。

8 UHPFRC 的生产控制

8.1 新拌 UHPFRC 的生产和运输控制

应在质量保证规定和 UHPFRC 生产商的内部控制条件下生产 UHPFRC,并将其运送到进行浇筑的场所。UHPFRC 生产商宜掌握关于组分材料的存储时间和条件的相关信息,使制备的材料可达到预期的性能指标,并要在组织内考虑使用该信息。特别是当使用预混料时,生产商宜遵守预混料合格证上给出的相关建议,以使材料达到指定的性能指标。

相关的程序应包括 NF P18-451 中给出的所有施工规定。除此外,该程序还应包括以下生产控制要求:

a)按一定周期增补用以验证 5.1 和 5.2 中的相关规定是否满足接受性试验结果,定期更新产品技术数据表格,基于此,构成 UHPFRC 部分成分的组分材料的控制;

b)对组分材料的储存时间和条件的控制;

c)对满足成分偏差的控制,符合 5.2.1 中设定的目标;

d)对满足 5.2.12 中描述的混合搅拌程序的控制;

e)对参照 5.4.4 中关于新拌 UHPFRC 在运输后的均匀性的控制;

f)对新拌 UHPFRC 在即将浇筑前的温度的控制(见 5.2.10 和 5.4.6);

g)在出现偏差时,采取的纠正措施的相关说明。

在本分条款中列出的相关控制,还应当特别基于以下各项要求:

a)称重以及描述搅拌顺序的特征的记录;

b)如需要,在混合物搅拌完成时进行稠度试验;并且,对于每一批混凝土,在交付和运输后进行浇筑时,应根据 NF P18-451 中的相关规定进行稠度试验;

c)当与新拌 UHPFRC 稠度相关的其他特性有规定时,须对这些特性进行试验;

d)记录新拌 UHPFRC 的温度;

e)对新拌 UHPFRC 取样并按 5.4.4 的规定进行试验。

在 UHPFRC 称重阶段或其样品(从 UHPFRC 搅拌机中或在 UHPFRC 运输后取样的)控制阶段,UHPFRC 生产商的质量系统应将不满足该系统目标值的 UHPFRC 批次剔除。

与 UHPFRC 的生产和运输控制相关的记录应至少保留 36 个月,将其作为 UHPFRC生产商内部控制体系的一部分,并且当 UHPFRC 的用户有要求时,将该记录传递给用户。当新拌 UHPFRC 的交付与其所有权的转移相符时,这些记录与对 UHPFRC 相关规定的审查可能需要记载在交付记录上。

在以上提及的新拌 UHPFRC 试验的基础上,与 UHPFRC 生产相关的内部控制可能还需由某个相对立的试验或者由第三方进行的外部试验作为补充。这个试验的相关规定并不构成本标准的一部分,但须归入特别的合同文件。

8.2 新拌 UHPFRC 的浇筑控制

应在质量保证条款下进行新拌 UHPFRC 的浇筑。NF P18-451 中规定了由 UHPFRC用户实行的质量保证条款以及相对应的要求。

与 UHPFRC 浇筑控制相关的记录应当至少保留 36 个月,并根据要求传递给标准制定者。

8.3 UHPFRC 的凝结和养护控制

NF P18-451 中描述了关于 UHPFRC 凝固和成熟控制的质量保证条款。

规定的相关核查应至少包括以下方面:

a)按相关协议里确定的检查条件和频次检查 5.4.7 的相关要求是否得到满足;

b)若适用,通过与这些操作相关的温度和相对湿度的连续记录,检查热处理协议的应用;

c)检查与抗压强度和拉伸特性相关的规定是否得到得到满足;该检查需要按照UHPFRC生产商和用户与规范制定者达成一致的频率进行,至少应当保证每生产 $10m^3$ 以内的 UHPFRC 取一次试样,并且生产 $10m^3$UHPFRC 的额外部分或对剩余的一部分 UHPFRC,须增加一次取样。每一次取样应当保证可按照附录 C 进行 3 次抗压强度试验,并且根据所考虑构件的厚度,按照附录 D 进行 6 次未开槽棱柱体弯曲试验,或按照附录 E 进行 6 次薄板弯曲试验(在最关键的构件方向上)。

对于某项目,当指定以下特性时,检查还应包括额外的试验:按照标准制定者、UHPFRC 生产商和用户达成一致的条件和频率,检查是否满足相关的规定。例如,对于硬化 UHPFRC,这些试验可能基于以下方面:

a)与强度发展相关的特性,例如早期强度(同拆模或施加预应力有关);

b)密度;

c)杨氏弹性模量;

d)收缩特性;

e)与徐变相关的特性;

f)与面层表观特性相关的 UHPFRC 材料的性能要求;

g)含水孔隙率;

h)氯离子扩散系数;

i)气体渗透性;

j)毛细吸水性;

k)耐化学侵蚀性(溶析作用,酸侵蚀等)

l)耐磨性。

与这些指定性能相关的核查应由 UHPFRC 生产商及其用户进行,这也是出于满足外部控制的要求。这些核查的相关规定并不构成本标准的一部分,须归入特别的合同文件。

在 UHPFRC 用户的内部控制系统中,与 UHPFRC 材料(浇筑时)及其性能(硬化时)相关的核查记录应当至少保留 36 个月,并且当交付结构或制作的构件时,将其传递给标准制定者。

9 生产控制及需要满足的规定

9.1 新拌 UHPFRC 生产和交付准则

若以下条件全部满足,则可认为生产和交付的 UHPFRC 符合要求:

a)通过称重操作和检查材料来源的记录,声明纤维和其他组分材料的重量相对于名义配合比,是否分别处于相应的限值范围(-2%,4%)和(-2%,2%)内;

b)通过搅拌操作顺序的记录,声明每一阶段的操作是否符合搅拌程序的有关限值范围(-1%,1%)内;

c)混凝土拌合物的温度以及浇筑时环境温度(经四舍五入取整),是否处于指定的温度范围内;

d)若需要,在混合物搅拌完成时进行稠度试验;并且,对于每一批次混凝土,在运输后进行浇筑时,进行稠度试验,检查是否处于指定的范围内(见 5.4.1);

e)当需要对交付的 UHPFRC 混合物进行分析时,对新拌 UHPFRC 试样进行 5.4.4中指明的定性试验(例如是否存在团聚)和定量试验(例如含气量和纤维含量),检查这些试验结果是否满足在程序中定义的相关准则。

若任一前述条件未能满足,这些混合物或可能受影响的相应批次的材料应当尽可能被标记并剔除。若未能做到这一点,生产商应立即告知用户。用户应根据 NF P18-451 的相关规定采取有效的措施,若适用,还应满足 NF P18-710:2016 的相关规定。对于此后批次的材料,应做好完整的记录并采取控制措施。若任一前述条件仍未满足,应停止混凝土的浇筑直至确定未能满足符合性的原因,并做出调整以满足所有相关规定。

9.2 适用于硬化 UHPFRC 的准则

9.2.1 一般规定

若以下条件全部满足,则可宣布所浇筑的和硬化的 UHPFRC 的符合性:

a)关于 UHPFRC 浇筑操作的核查和记录满足 8.2 中的相关规定；

b)与所有对 UHPFRC 进行的热处理操作(如 5.4.8 中所述)相关的温度和相对湿度记录,可声明是否满足与这些操作相关的协议;为此目的,试验温度与规定温度差异的绝对值不大于 2℃;相对湿度试验值与规定相对湿度差异的绝对值则不应大于 5%;并且,在热处理的每一个阶段(以等效时间重新计时)起始时刻的材料龄期与规定龄期差异的绝对值不超过 1h;

c)如果适用,试件的养护和热处理应与结构采用相同的方式,则此时采用试件获得的试验结果满足以下描述的相关规定；

d)对于须进行核查的其他附加特性,所有测量值满足指定的不等式,或相对于目标值处于指定的范围内。

9.2.2 抗压强度试验的验收准则

若满足以下要求,则认为抗压强度试验结果符合要求:

a)一方面,对于所考虑的项目,无论何时取对照试样,不等式(8)和(9)或不等式(10)和(11)同时成立:

$$S_c \leqslant 10\% f_{ck,req} \tag{8}$$

$$\text{若 } n \geqslant 15 \qquad f_{cm} \geqslant f_{ck,req} + 1.3 S_c \tag{9}$$

或

$$\text{若 } 3 \leqslant n < 15 \qquad f_{cm} \geqslant f_{ck,req} + a S_c \tag{10}$$

式中,$a = [(n-3) \times 1.3 + (15-n) \times 1]/12$

$$f_{ci} \geqslant f_{ck,req} - 7.5 \tag{11}$$

在以上不等式中,变量的单位均为 MPa:

式中:f_{cm}——n 个抗压强度对照试验结果的算数平均值(若 $n \leqslant 15$),或最后 15 个试验结果的平均值(若 $n > 15$);

$f_{ck,req}$——规定的抗压强度标准值;

f_{ci}——第 i 次试验的抗压强度;

S_c——前述最后 15 次试验结果的标准差。

b)另一方面,当为大量结构而生产某一给定组分的新拌 UHPFRC 时,无论这些是何种结构,15 次连续取样的结果仍应满足前述不等式。

若三个条件中的任一个不满足,生产应暂停直至确定未能满足符合性的原因,并且采取纠正措施直至满足这些不等式。

9.2.3 拉伸特性试验的验收准则

未开槽试件(见 8.3c)的四点弯曲试验结果符合要求,若:

a）一方面，对于每一个（模制）试件，最大弯矩试验值 $M_{max,i}$ 大于 0.95 倍最大弯矩计算值 M_{ref}，该弯矩计算值由指定拉伸响应曲线计算得到（采用的计算准则未考虑与受拉 UHPFRC 相关的分项系数 γ_{cf} 或取向系数 K，如 5.5.4 和 6.2 中所述）；

b）另一方面，最大弯矩平均值 $M_{m,max}$ 大于 $1.05M_{ref}$。

10 符合性评定

10.1 UHPFRC 符合性评定步骤

本标准中的 UHPFRC 符合性评定包括多个步骤,这些步骤可能代表责任的转移:

a)UHPFRC 制作所用的预混料符合性评估(评估基于该 UHPFRC 与合格证的符合性);

b)通过鉴定试验初步评估 UHPFRC 的符合性,包括利用从合格证上获得的该 UHPFRC数据(评估基于对标准的符合性,但不包括生产过程中所有的特殊性);

c)通过适用性试验进行符合性的初步评估(评估基于完全符合的 UHPFRC 组分,以及搅拌、运输、浇筑和养护的标准);

d)生产阶段的符合性评估,根据与新拌 UHPFRC 相关的控制试验结果进行;

e)生产阶段的符合性评估,根据与浇筑 UHPFRC 相关的控制试验、采用的养护方式,以及检测是否满足硬化混凝土的相关性能进行。

在本标准中,UHPFRC 的符合性仅在以上每一个步骤的符合性都得到验证时才能确定,不管是否涉及所有权转移。

10.2 任务与责任

按照附录 G 所规定的条件,UHPFRC 预混料组分的生产商负责评估和声明指定材料性能的符合性。

在鉴定试验阶段,UHPFRC 生产商负责评估符合性,并将试验结果提交给指定人员验收。

UHPFRC 生产商负责在适用性试验阶段,对稠度、抗压强度、成型试样的拉伸性能、含气量、弹性模量和强度的发展情况进行检查,评估其符合性。UHPFRC 用户负责在适用性试验阶段对涉及影响 K_{global} 和 K_{local} 的因素、UHPFRC 的浇筑和施工程序的符合性进行评估,并在制造控制模型时应用这些因素进行验证。除了产品标准所涵盖的 UHPFRC 预制产品外,适用性试验结果应提交给客户验收。

新拌 UHPFRC 生产商负责评估和声明 UHPFRC 的符合性,包括:根据 9.1 中定义的条件评估生产协议和新浇筑 UHPFRC 性能,以及根据 9.2 中定义的条件评估硬化 UHPFRC 的特性和交付的符合性(包括:抗压强度、拉伸特性以及其他指定的材料属性)。

根据 9.2 规定的浇筑、养护和热处理,以及硬化 UHPFRC 的相关特性(包括:抗压强度、拉伸特性以及其他指定或须检查的材料性能),新拌 UHPFRC 用户与 UHPFRC产品、构件和结构的生产商负责评估和声明 UHPFRC 的符合性。

对于预制产品,可能在相关技术标准(NF EN 13369:2013,产品标准和技术协议)中规定或指定与 UHPFRC 符合性相关的规定和要求。

为进行上述符合性评定而开展的内部检查,可由第三方进行补充评定。这不在本标准的规定范围内,属于合同的特殊文件内容。

注:UHPFRC 结构或结构部件的验收宜以向主承包商提交的结果为准。

附录 A

(规范性)

确定迁移阻力等级的调整程序

A.1 氯离子迁移系数的测定

根据 XPP-18-462 进行 90d 的测量,并考虑以下附加要求:

a)试件的直径 D 应大于或等于 $3L_f$,其厚度可减少到 30mm;

b)像其他混凝土一样,选择电流强度 I 和试验时长 t,使其尽可能满足以下条件:$3\times10^5 A\cdot s\cdot m^{-2}\leqslant I\times\Delta t/S\leqslant9\times10^5 A\cdot s\cdot m^{-2}$,式中 S 是试件的暴露面积(单位:m^2)。这将使得穿透深度 X_d 达到 10mm 到 20mm 级,从而控制试验的相对不确定性;

c)在不能准确地测量试验的电流强度时,试验中应采用 60 V 电压和 96 ~ 500h 的试验持续时间 Δt。

A.2 表观气体渗透率的测定

A.2.1 与本标准有关的阈值检定

根据 XP P-18- 463:2011 进行 90d 的测定,并考虑到以下修正:

a)在进行 105℃干燥后才能测量,根据 XP P18-463:2011 中的 7.2.2,当达到判定标准 M_{sec}时即停止干燥;

b)通过测量流量计管中的缩减部分(不一定在两个最大容积刻度之间)的传输时间来确定流速(流量率);

c)所选流量计部分的肥皂泡通过时间应在 20 ~ 180s 之间;

d)根据 XP P18-463:2011 中 5.3 的注释,也可以使用质量流量计。

A.2.2 与 Dg + 类相关的阈值检定(见 4.2.2)

根据 XP P18 463:2011 进行 90d 的测量,并考虑到以下修正:

a)在进行 105℃干燥后才能测量,根据 XP P18 463:2011 中的 7.2.2,当达到判定标准 M_{sec}时即停止干燥;

b)被气流穿过的测试体厚度可以减少到 30mm;

c)根据 XP P18-463:2011 中 5.3 的说明,使用质量流量计进行测量;

d)可以在不超过 120min 的情况下,增加试样对气体压力梯度的暴露时间,使其达到稳态工况;也可以在不超过 30min 的情况下,增加测量流动率的时间 t。

附录 B
(规范性)
标准值估计

根据 NF EN 1990(Eurocode 0),强度标准值在本标准中对应于 95% 的超越概率。但是,在本标准中,它应从假设正态分布的试验值的总体中估计,并且使用 T 检验,不满足概率小于 5% 。

标准值的估计等于试验的平均值减去 T 检验系数(如表 B.1 所示)与试验的标准差之间的乘积。

表 B.1　T 检 验 系 数

试验结果数量	T 检验系数
3	2.920
4	2.353
5	2.132
6	2.015
7	1.943
8	1.895
9	1.860
10	1.833
11	1.812
12	1.796
……	……
>30	1.7
……	……
∞	1.645

为了得到特征曲线的估计,上述分析应是逐步进行的,而不是对曲线积分。

附录 C
(规范性)
压缩试验与相应的力学性能

C.1 试样特征

压缩试验(用于估计强度或模量)中的试样应符合下列规定:

a)当最长纤维长度小于22mm时,参考试样为ϕ110mm×220mm的圆柱体;对于长纤维情况,则为ϕ160mm× 320mm的圆柱体。也可以在其他尺寸的圆柱体或立方体上进行试验,但须事先在设计阶段或在合格证上确定与参考试样相对应的系数。在所有情况下,试样的最小尺寸ϕ应满足$\phi \geqslant 5L_f$和$\phi \geqslant 6D_{upper}$($L_f$为最长纤维的长度;$D_{upper}$为最大集料尺寸的上限值)的要求。

b)试样应满足NF EN 12390-1、NF EN 12390-2和NF EN 12390-3:2012的要求,注意尺寸超出NF EN 12390-1参考值的试样适用NF EN 12390-3:2012附录B的规定。

c)为了应用NF EN 12390-2,模具的填充和压实应适应UHPFRC的稠度。对于Ca类UHPFRC,浇筑采用重力法;对于Cv类UHPFRC,可采用夯实棒进行压实;对于Ct类UHPFRC,如果能够代表结构中所采用的浇筑过程,则可采用外部振动。在任何情况下,都禁止使用振动棒。

d)考虑到预期的高强度,表面处理应特别注意,须采用圆盘磨光机。

C.2 抗压强度的测定

试验应按照NF EN 12390-3:2012进行,包括以下说明:

a)压力试验机应控制加载速率在0.4~0.8 MPa/s范围内;

b) 对于样本取样时,平均强度值应至少以 3 个试样的平均值为依据;

c) 应按本标准附录 B 的规定估计抗压强度的标准值。

C.3 确定杨氏弹性模量

在试验确定杨氏弹性模量之前,宜通过 3 次完全破坏的试验确定混凝土的平均强度。

确定杨氏弹性模量的试验应按照 NF EN 12390-13:2014 进行,并根据 C.1 中有关试样形状和尺寸的要求进行修正。本标准的方法 B 用于确定杨氏弹性模量,其对应的是稳定的正割线模量。

以下是可采用的额外说明:

—应采用 3 个或 3 个以上对称布置在试样上的应变计进行应变测量;

—应变片的准确度和校准应确保绝对误差小于 5μm/m。

C.4 泊松比的测定

应在与测量杨氏弹性模量相同的试样上确定 UHPFRC 的泊松比,并按照相同的标准进行试验(即 NF EN 12390-13:2014,并根据 C.3 进行了调整),对横向排列的应变片测量值也应进行类似的处理。

附录 D

（规范性）

棱柱体弯曲试验及数据处理方法

D.1 引言

本附录将介绍通过弯曲试验测试 UHPFRC 拉伸性能的试验过程和结果分析方法。不同于使用附录 E 的薄型构件，假定纤维的方向不受相对于纤维尺寸而言缩尺构件厚度的影响。

这类试验有两种类型：

—在不含切口的棱柱体上进行四点弯曲试验，以确定其线性行为的极限；

—在有缺口的棱柱上进行三点弯曲试验，以确定纤维对裂缝截面的增强作用，并确定其拉伸性能等级（见 4.4.3）。

本附录将介绍根据这些试验，通过倒推分析确定材料在直接拉伸下的等效响应曲线的方法。

应对至少 6 个相同类型的试样进行试验。根据一系列试验结果的平均曲线和特征曲线，确定弹性拉伸极限，并由倒推分析确定其峰值后的拉伸行为。

D.2 试样的尺寸和制备

试样应为具有边长为 a 的正方形截面且长度为 $4a$ 的棱柱。尺寸 a 在 7cm 和 20cm 之间，应为最长纤维长度的 5～7 倍。

这些尺寸标准一般适用于模具成型棱柱和锯切取样棱柱（特别是在确定系数 K 的适用性试验期间）。考虑到原结构的几何尺寸，锯切取样棱柱的长度标准可随着试样宽度标准（宽度可在一半棱柱高度和一倍半棱柱高度之间变化）适当放松

（跨度等于 3 倍高度的规定不变）。

浇筑稠度为 Ca 和 Cv 级的 UHPFRC 棱柱试样时，应使 UHPFRC 从模具的一端开始流动，并在流动前沿的后面系统地再填充。对于 Cv 级，可采用棒捣的方式辅助流动。对于这些稠度等级的 UHPFRC，禁止振捣。

浇筑 Ct 级稠度的 UHPFRC 棱柱时，应规定一种与结构施工相同的可重复安装方法。

在所有情况下，禁止使用并排放置的料堆填充模具。

对于需要开槽的棱柱，在弯曲试验中，应在拉伸面中部锯开一个缺口。该面应是浇筑棱柱时对着模板的一面。缺口的深度等于最长纤维长度的一半。缺口的宽度应小于 3mm。

D.3 进行试验

对试样进行切口棱柱三点弯曲（中心弯曲）和非切口棱柱四点弯曲（圆形弯曲）的试验时，在两侧支承棱柱。对于锯取棱柱体，在试验过程中试样应定向，使其侧面对纤维具有相同的边缘效应。对于试验报告中涉及的给定系列的所有棱柱，这个方向应是相同的。

底部支承之间的距离等于棱柱高度的 3 倍。

试验采用可以对构件进行位移或力伺服控制，或是对外部传感器进行伺服控制的万能试验机。支座和加载系统应由固定点和可移动点组成（如滚轴支座），以限制附加的（不希望出现的）轴向力。

在四点弯曲试验中，为了测量试样的挠度，位移传感器应通过特定的装置固定在试样上（图 D.1）。下部纤维的平均变形也可以用安装在棱柱下部纤维周围的一个或多个伸长计来测量。这些传感器可以使用粘结螺钉进行固定。

对于三点弯曲试验，一个跨越缺口的传感器被固定在棱柱上，围绕着棱柱的底部拉伸纤维（图 D.2）。固定螺栓之间的距离应在多次试验中保持相同，且小于 5cm。传感器范围应小于 2mm。位移测量的精度应小于全量程的 0.5%。

若对强度较低的试样施加了预加载，在接下来的试验中应予以考虑。

注：预加力的施加可由位移或力来控制。

施加预加载后，通过裂纹张开传感器、挠度传感器或致动式位移传感器触发伺服控制。

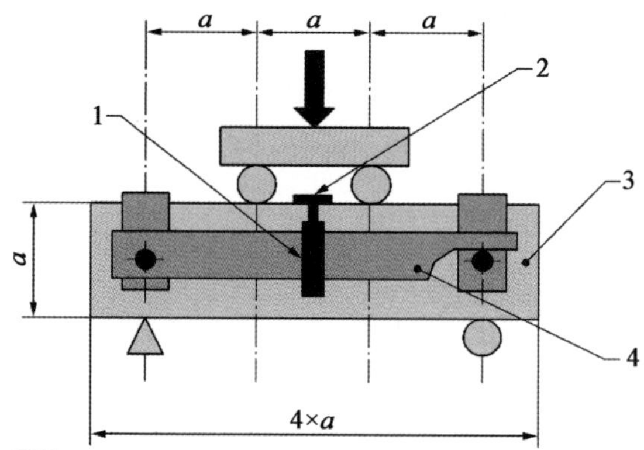

图注：
1-位移传感器
2-胶合托辊板，可由铝制成
3-试样
4-轭架，用于测量中心偏转

图 D.1　四点弯曲试验挠度测量原理

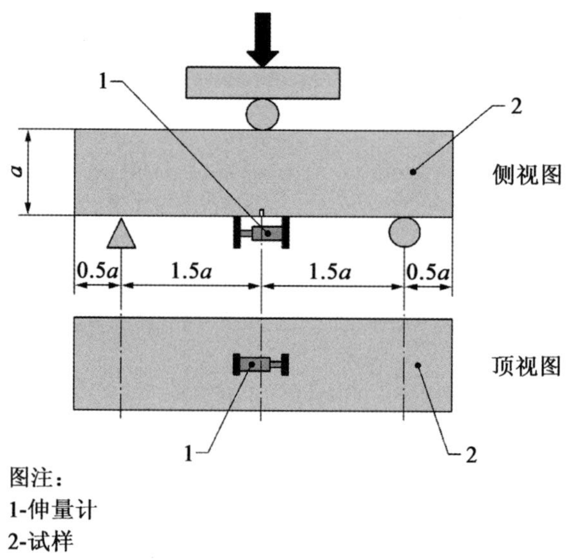

图注：
1-伸量计
2-试样

图 D.2　三点弯曲试验裂缝张开量的测量原理

根据所选择的传感器来控制试验，应按如下要求调整加载速率：

—通过致动器位移控制：(0.25 ±0.1) mm/min；

—通过挠度控制：(0.1 ±0.05) mm/min；

—通过测量下部纤维的伸长或桥接裂缝传感器来控制：(0.025 ±0.01) mm/min。

试验继续进行，直到至少满足下列条件之一：

—直接在试样上测量得到的挠度为 0.015 × a（a 为棱柱高度）；

—底部的纤维伸长至 0.015 × a（a 为棱柱的高度）。

试验过程中应以每秒至少 5 次的频率记录数据。要记录的信号是：

a) 时间；

b) 裂缝的张开或底部纤维的伸长；

c) 挠度；

d)荷载;

e)作动器的位移(如果相关)。

D.4 对无切口棱柱进行四点弯曲试验

D.4.1 拉伸弹性极限的确定

由四点弯曲试验的力-挠度曲线或力-伸长曲线可知对应于非线性出现的时刻的力(F_{nl})。相应的应力称为弯曲弹性极限,计算公式为(D.1):

$$f_{ct,fl}=3F_{nl}/b\cdot a \tag{D.1}$$

式中,F_{nl}以N为单位;a和b以mm为单位;$f_{ct,fl}$以MPa为单位。其中,a为棱柱高度(mm),b为棱柱宽度(mm)。

为了得到一个固有的估计值,弹性的拉伸极限$f_{ct,el}$由式(D.2)计算得到:

$$f_{ct,el}=f_{ct,fl}\frac{\kappa a^{0.7}}{1+\kappa a^{0.7}} \tag{D.2}$$

式中,$\kappa=0.08$;a是棱柱的高度,单位是mm。

注:对于T3类UHPFRC,κ系数可重新校准,一般大于0.08,计算的极限值$f_{ct,el}$有所增加。

平均弹性极限$f_{ctm,el}$应通过将该方法应用于试验得到的平均曲线来确定。

弹性特征极限$f_{ctk,el}$应采用相同的方法,通过对试验的特征曲线进行处理得到。

D.4.2 T3类UHPFRC的数据处理

对于T3类UHPFRC,应力变形分析应当根据NF P 18 -710:2016进行,拉伸特性应通过对四点弯曲试验结果的逐步倒推分析得到,其具体介绍见本标准附录E。

D.5 切口棱柱三点弯曲试验数据处理

D.5.1 裂缝宽度的确定

考虑跨越切口传感器测到的平均弹性变形试验曲线,通过将弹性阶段临界点测得的裂缝张开w_0值(即出现非线性时)从后续测得的裂缝张开值中扣除来确定裂缝的张开程度。这一处理是通过改变参考点和将曲线的新原点放置在裂缝定位时的假定时间处来完成。

在没有记录裂缝张开的情况下,应通过测量挠度f来估算。假设挠度f_0对应于弹性阶段的临界点,则裂缝的张开(w)由以下关系确定。

$$w = 4/3 \times 0.9 \times (f - f_0) \tag{D.3}$$

D.5.2 数据降噪

应对每个力-裂缝宽度试验曲线进行数据滤波，降低试验数据的噪声，以便于使用倒推分析方法。具体包括，在弹性区末端对应的第一点（零裂缝宽度）之外，采用20μm 阶跃的离散曲线表示，并通过将该值分配到间隔的中心点，产生以 40μm 间隔记录的荷载移动平均值。

在此操作结束时，各试样的相关曲线具有相同的横坐标，以便于处理。

D.5.3 利用倒推分析法确定拉伸开裂后的行为

通过对试验的倒推分析，可以将加载到裂缝上的弯矩与试验结果联系起来，得到拉应力随裂缝张开度的函数表达式。将该方法应用于滤波后的数据，基于一系列试验的平均曲线和特征曲线结果，得到稳定的数值。

D.5.3.1 裂缝部分的力平衡

图 D.3 显示了在弯曲作用下棱柱的开裂面。

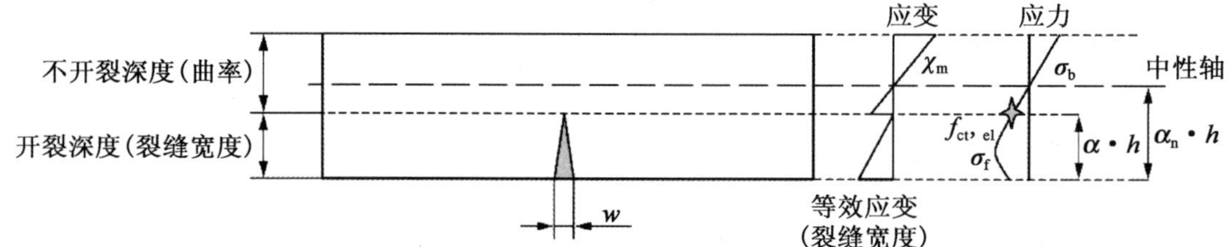

图 D.3 沿截面深度方向开裂和不开裂部位的变形和应力分布

将应力线弹性分布的无裂缝部分与应力分布直接依赖于纤维作用的开裂截面部分进行区分。后一种应力分布是通过倒推分析求出来的。由截面的力平衡得到式（D.4）～ 式（D.7），其中未开裂部分用 b 表示，开裂部分用 f 表示。

$$N_b = \frac{E_{cm} \cdot \chi_m b \cdot h^2}{2}\left[(1-\alpha_n)^2 - (\alpha-\alpha_n)^2\right] \tag{D.4}$$

$$N_f = \frac{\alpha \cdot h \cdot b}{w}\int_0^w \sigma_f \mathrm{d}\omega \tag{D.5}$$

$$M_f = \alpha h \cdot N_f - \frac{(\alpha \cdot h)^2 \cdot b}{w^2}\int_0^w \sigma_f \cdot \omega \mathrm{d}\omega \tag{D.6}$$

$$M_b = \frac{E_{cm} \cdot \chi_m \cdot b \cdot h^3}{3}\left[(1-\alpha_n)^3 - (\alpha-\alpha_n)^3\right] + h \cdot \alpha_n \cdot N_b \tag{D.7}$$

$$M = M_b + M_f \tag{D.8}$$

$$N = N_b + N_f = 0 \tag{D.9}$$

式中：M——抵抗弯矩，M、M_b 和 M_f 的单位为 MN · m；

N——轴力，等于 0，N_b和 N_f的单位为 MN；

α——裂缝的相对深度（见图 D.3）；

α_n——中性轴的相对高度，由 $\sigma_t = E_{cm} \cdot \chi_m \cdot h \cdot (\alpha - \alpha_n)$确定；

χ_m——不开裂部分的曲率[m^{-1}]；

$f_{ct,el}$——弹性拉伸极限（平均值 $f_{ctm,el}$或标准值 $f_{ctk,el}$取决于处理的曲线，它由上述 C.4 内容确定）（MPa）；

E_{cm}——弹性模量的平均值（MPa）；

b——截面的宽度（m）；

h——截面的高度（减去凹槽深度后）（m）。

裂缝张开根据以下几何条件与未开裂部分的曲率联系起来：

$$w = (\chi_m + 2 \cdot \chi_e)^2 \frac{2 \cdot (\alpha h)^2}{3} \tag{D.10}$$

式中：χ_e——等效弹性曲率（m^{-1}），由 $\chi_e = M/(E_{cm} I)$，其中 I 是矩形截面的惯性矩。

裂缝高度与中性轴深度的关系由式（D.11）得到：

$$(\alpha_n - \alpha) \cdot h \cdot \chi_m \cdot E_{cm} = f_{ct,el} \tag{D.11}$$

由于实际的原因，跨越的传感器一般从缺口处轻微偏移距离 e。倒推分析应考虑这种差异的影响，通过应用式（D.12）修正测量 w_{mes}的结果。

$$w = w_{mes}[\alpha \cdot h/(\alpha \cdot h + e)] \tag{D.12}$$

D.5.3.2 迭代求解

须求解的应力-裂缝张开曲线由若干离散点（w_i，f_i）确定。与裂缝张开相关的 X 轴离散（每步 20μm）可足够精细地表达应力，根据式（D.13）的梯形近似，即：

$$\int_0^{w_{i+1}} \sigma_f \mathrm{d}w = \int_0^{w_i} \sigma_f \mathrm{d}w + \left(\frac{\sigma_{fi} + \sigma_{fi+1}}{2}\right)(w_{i+1} - w_i) \tag{D.13}$$

然后，根据式（D.14）和式（D.15）写出开裂部分的法向力 $N_{fi}+1$ 和力矩 $M_{fi}+1$ 的增量表达式。

$$N_{fi+1} = N_{fi} \cdot \frac{\alpha_{i+1}}{\alpha_i} \cdot \frac{w_i}{w_{i+1}} + \alpha_{i+1} \cdot b \cdot h \cdot \left(\frac{\sigma_{fi} + \sigma_{fi+1}}{2}\right)\left(1 - \frac{w_i}{w_i + 1}\right) \tag{D.14}$$

$$M_{fi+1} = M_{fi} \cdot \left(\frac{\alpha_{i+1}}{\alpha_i} \cdot \frac{w_i}{w_{i+1}}\right)^2 + \alpha_{i+1} \cdot h \cdot N_{fi+1} \cdot \left(1 - \frac{w_i}{w_{i+1}}\right) -$$

$$\frac{(\alpha_{i+1}\cdot h)^2\cdot b}{2}\cdot\left(1-\frac{w_i}{w_{i+1}}\right)^2\cdot\sigma_{\mathrm{f}i+1} \tag{D.15}$$

因此,考虑到在 i 次迭代中裂缝张开-应力关系已知,通过求解上述方程,可得到迭代 $i+1$ 次时应力和裂缝相对深度的两个未知数,分别为 $\sigma_{\mathrm{f}i+1}$ 和 α_{i+1}。上述方程中,截面的轴向力写为 0,截面的抵抗弯矩与试验弯矩相等。

为了开始增量分析过程,只须取开裂弯矩(弹性阶段临界)对应的点作为初始值,根据式和(D.16)关系取零裂缝宽度即可。

$$M_{\mathrm{b}}^0=M_{\mathrm{ext}}=\frac{-bh^2\cdot\sigma_{\mathrm{f}}^0}{6} \tag{D.16}$$

$$M_{\mathrm{f}}^0=0;N_{\mathrm{b}}^0=0;N_{\mathrm{f}}^0=0$$

在每次增量结束时,计算迭代 $i+1$ 次后,对迭代 i 次的值进行修正。这种平滑处理,须用到如式(D.17)所示的移动平均值:

$$\sigma_{\mathrm{f}i}=\frac{2\sigma_{\mathrm{f}i}+\sigma_{\mathrm{f}i+1}}{3} \tag{D.17}$$

D.6 修正因浇注、锯切和缺口造成的边界效应

先前分析的裂后结果是根据局部方向或局部纤维锚固条件进行加权得到的,参考了理论上理想粘结情况,该粘结情况与 UHPFRC 在“大体积”构件的固有行为有关。

D.6.1 模板边缘

当棱柱浇注成型时,纤维的方向在模板壁附近趋于二维。因此,在宽度 $L_{\mathrm{f}}/2$ 上采用系数 1.2,以提供等效的三维效应,除非该边缘在弯曲试验中位于压缩区域那侧。

D.6.2 锯边边缘

当靠近锯切边缘时,应考虑到纤维也已被锯切。一般认为一半的纤维不再锚固在宽度 $L_{\mathrm{f}}/2$ 上。因此,系数 1/2 应用于宽度 $L_{\mathrm{f}}/2$ 范围内,除非该边缘在弯曲试验中位于压缩区域那侧。

D.6.3 缺口

在计算受拉应力的有效面积时,不考虑缺口的表面积。缺口底部的表面积不

应用折减系数,此处纤维的锚固和取向没有受到干扰。

D.6.4 计算校正

得到的试验结果与截面相关,对于中心截面加权系数为1.0,而对于侧边的则采用上述规定的具体系数。校正方法是将上述分析得到的应力-应变曲线的应力值除以试样棱柱截面的加权系数。修正后得到了真实的本构曲线。

图D.4给出了一个模具制作成型的棱柱和一个锯取成型的棱柱的例子,及其须采用的系数。

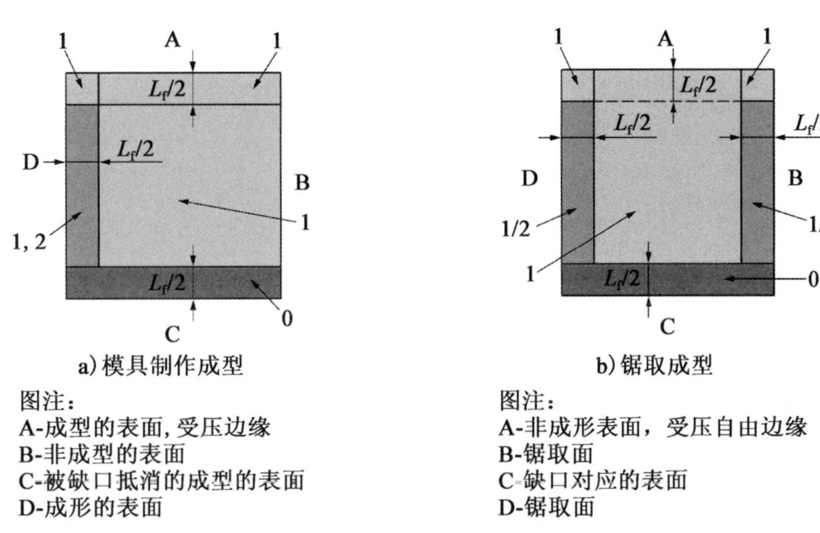

图D.4 解释边缘效应的范例

D.7 简化表示

根据D.4和D.5的数据处理方法,可以对UHPFRC的拉伸本构特征曲线进行分段线性描述。该描述符合NF P 18 710:2016中3.1.7.3.2所述的一般要求,相当于从一组曲线上取与裂缝宽度相关的应力值:弹性极限应力(与 $w = 0$ 有关)对应于裂缝张开为0.3mm或最大应力 σ_w,如果裂缝宽度大于0.3mm,则与裂缝宽度相关的应力对应于试验棱柱高度的1%,假设与 $L_f/4$ 相关的是零应力(L_f 是非脆性破坏时最长纤维的长度)。

如果弹性极限应力大于峰值应力或0.3 mm裂缝宽度对应的应力,则曲线应在这些值的最低值处截断。

可以对平均曲线进行类似的简化表示。

与这些简化表示相关联的应力值应精确到0.1MPa。

附录 E
(规范性)
薄板弯曲试验及数据处理方法

E.1 引言

本附录介绍了通过 UHPFRC 的弯曲试验确定拉伸特性的试验方法和结果分析方法。该试验适用于纤维的方向受到相对于纤维尺寸而言较小的构件厚度影响(与应用附录 D 中的厚构件不同)的情况。普遍认为,这种影响发生在厚度小于 3 倍最长纤维长度 L_f(其贡献于非脆性)的情况下。

下面描述的对薄板进行的四点弯曲试验,须测量的挠度是所施加力的函数。采用 E.4 中所描述的处理这些试验数据的方法,通过倒推分析可得到等效直拉的响应曲线。利用该分析,预期的多元开裂行为由应力-应变关系描述。利用传统的应变转换成裂缝张开的方法,该关系使确定线性行为的极限、纤维对开裂截面的贡献以及采用应变转换确定拉伸行为等级(见 4.4.3)成为可能,通过满足不等式保证足够的应变硬化行为。对于这种转变,通常认为裂缝宽度等于应变乘以构件厚度 e 的 2/3 和最长纤维长度 L_f 的 2 倍之间的最小值。

试验应采用至少 6 个同类型试样进行。特别地,下面所述的方法假定每个方向有 6 个试样,从而确定 X 和 Y 方向对应的两个本构关系。

根据试验结果,对平均曲线和特征曲线进行倒推分析,以确定峰值后的拉伸性能。但是,为了安全起见,(简化的或其他形式的)分析范围和所得到的曲线应限于所考虑试验结果中峰值弯矩所引起的挠度的最小值。

E.2 试样的尺寸和制备

试件的厚度 e 应等于所表征结构的厚度,或者如果该值未知,则可为最长纤维长度 L_f 的 3 倍。

试件应由将棱柱体锯切成 4 个厚度为 e 的方形板取样得到,其制作方法应与结构预计的生产方法相同。

对于浇筑稠度等级为 Ca 和 Cv 的 UHPFRC 板,应通过使 UHPFRC 从模具的一端流向另一端来制作试样,仅对稠度等级为 Cv 的 UHPFRC 进行棒激励流动,在流动前后对称地进行反复加载。对于这些稠度等级,禁止振捣。

对于 Ct 级稠度的 UHPFRC 板,应规定一种与结构施工相同的可重复安装方法。

在所有情况下,禁止使用并排放置的料堆填充模具。

棱柱体的长度为 $L_p = \min(20e;60\text{cm})$。

棱柱体的宽度为 $b = 8L_f$。

到边缘的距离为 $d = \text{Max}(L_f;2\text{cm})$。

板的侧面等于 $\text{Max}(L_p + 2d;26L_f + 2d)$。

应确定板的两个主要方向(X 轴和 Y 轴)及其与混凝土浇筑方法的对应关系。根据图 E.1 所示的尺寸和布局,每块板锯取 3 个棱柱。由此得到了 X 轴上的 6 个棱柱和 Y 轴上的 6 个棱柱。

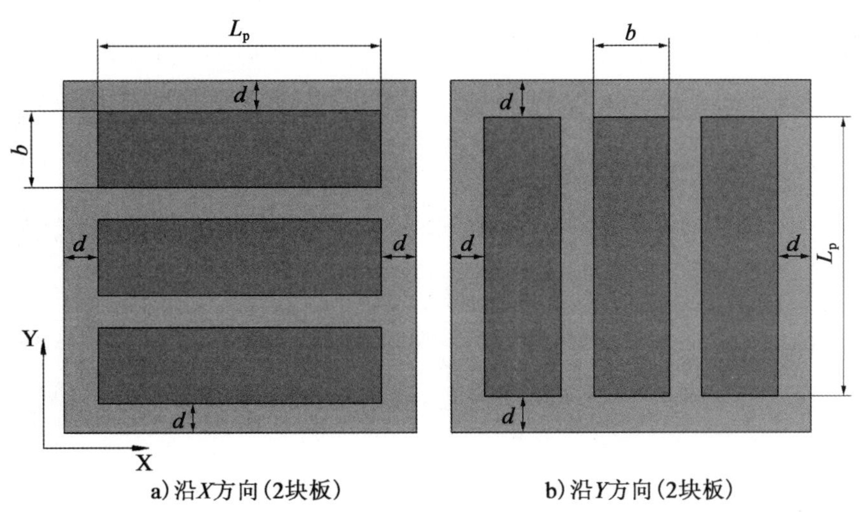

图 E.1 试样取样方案

E.3 进行试验

棱柱体应按照图 E.2 所述进行圆形四点弯曲试验。

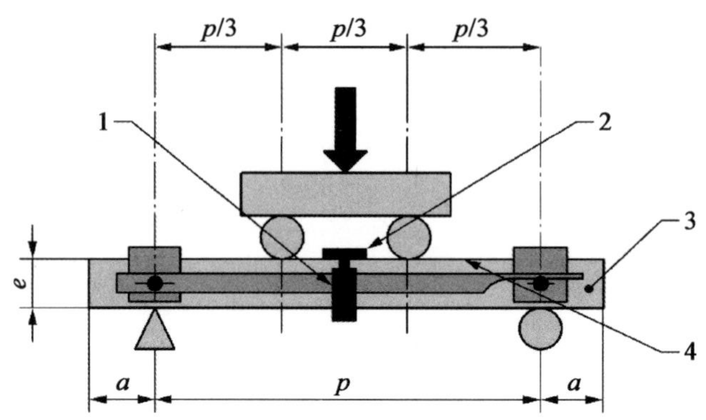

图注
1-位移传感器
2-胶合托辊板，可由铝制成
3-试样
4-轭架，用于测量中心挠度

图 E.2 试验方法及跨中挠度测量方案

$$a = \max(e/2;3\text{cm});p = L_p - 2a$$

试验机应为万能试验机，可根据荷载、位移或外部传感器进行伺服控制。支承和加载系统应由固定点和移动点（例如滚轴支撑）组成，以避免不真实的轴向力。板应通过位于试样两侧跨中的位移传感器进行测量，除非其宽度小于 120mm，允许在中心使用单个传感器。如图 E.2 所示，应使用固定在试样上的轭架安装这些传感器，以便推测支架上的位移。

根据控制试验的传感器数据，加载速率应进行如下调整：

—基于位移控制时，加载速率为(0.25 ±0.1)mm/min；

—基于平均挠度控制时，加载速率为(0.1 ±0.05)mm/min。

试验应继续进行，直到平均挠度等于峰值平均挠度的 2 倍，且不小于 $e/2$。

试验期间应以每秒至少 5 次的频率记录数据。需要记录的信号有：

a)时间；

b)平均挠度；

c)荷载；

d)圆柱体的位移（如有必要）。

E.4 数据处理

E.4.1 弹性行为的测定

弹性模量 E 应根据 $n(n\geqslant 6)$ 次试验得到的平均弯矩挠度曲线上升线性部分的中心 1/3 处确定。然后,将该区间内曲线的斜率乘以系数 $(23p^2)/(216be^3/12)$,得到弹性模量。

弹性极限 $f_{\mathrm{ct,el}}$ 应根据力矩-挠度曲线确定。线性域的幅度 ΔM 能够手动确定,然后通过 $\Delta M/3$ 和 $2\Delta M/3$ 点可以画一条直线,如图 E.3 所示。试验曲线偏离直线的点 M^* 则是非常明显的。与线性临界点相对应的弯矩值乘以 $6/be^2$,从而通过常用的统计处理得到弹性极限 $f_{\mathrm{ct,el}}$。$f_{\mathrm{ctm,el}}$ 和 $f_{\mathrm{ctk,el}}$ 的平均值和标准值(见附录 B)。设计曲线应通过连接达到 $f_{\mathrm{ct,el}}$ 的线性部分和根据 E.4.2 进行倒推分析得出的结果来确定。

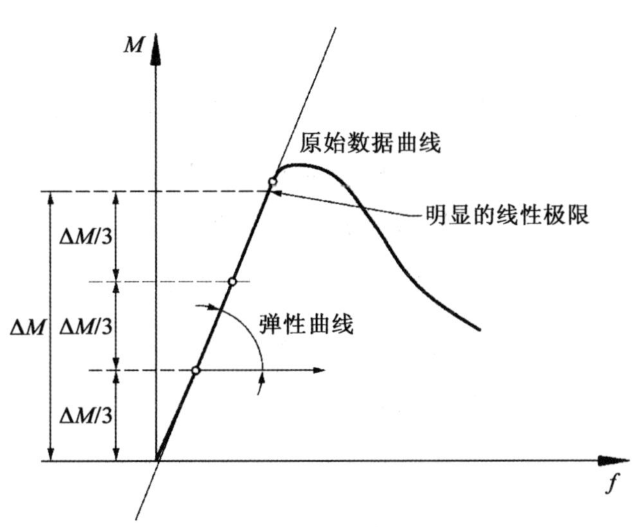

图 E.3 弹性行为的测定

E.4.2 弯矩-挠度曲线的逐步倒推分析方法

在弹性极限之外,通过试验结果的弯矩-曲率关系来确定本构曲线。事实上,当材料变得非线性时,弹性条件下的曲率 χ_i 和挠度 δ 之间的关系不再有效,因为曲率的增加超过了弯矩的增加速度。因此,曲率随 χ_i 轴的变化如图 E.4 所示。已经得到弯矩-挠度曲线后,应通过倒推分析推断出弯矩-曲率曲线,然后逐步迭代。

对于零弯矩,挠度和曲率应视为 0。对于给定的弯矩 M_n-挠度 δ_n 对,如果我们假设已知与弯矩 M_i 相对应的曲率 χ_i,其中 i 在 1 和 n-1 之间变化,则应确定曲率 χ_n

从而获得挠度δ_n(见图 E.4)。取所有的曲率χ_i,从 1 到 n,我们把这些曲率积分两次得到挠度。一旦得到了所有的(M_i,χ_i)对,则进行第二次反分析来推断应力-应变关系。

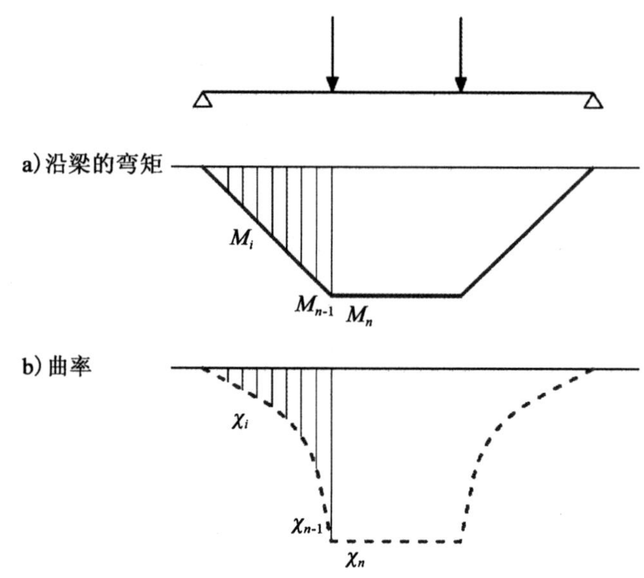

图 E.4　屈服后的弯矩-曲率曲线

在每个步骤 i,输入数据是(M_i,χ_i)对。目的是获得较低纤维应变的 ε_i 值以及相关应力 σ_i。迭代再次进行。在步骤 0,$\varepsilon_0=0$ 和 $\sigma_0=0$。在步骤 n,我们假设 ε_i 和 σ_i 的值已知,对于 $i=1$ 到 $n-1$,以及弯矩 M_n 和曲率χ_n。将 β_i 定义为弯矩 M_i 下中性轴的相对深度,描述线性变形变化的方程如式(E.1)所示:

$$\varepsilon_n = -\chi_n \beta_n \cdot e \tag{E.1}$$

轴向力的值为 0 时,可写出式(E.2):

$$\begin{aligned} N &= N_c + N_t \\ &= \frac{1}{2}(1-\beta_n)^2 e^2 \cdot b \cdot \chi_n \cdot E + \frac{1}{\chi_n}\sum_{i=1}^{n}(\varepsilon_{i-1}-\varepsilon_i)\cdot\frac{\sigma_i+\sigma_{i-1}}{2}\cdot b \\ &= 0 \end{aligned} \tag{E.2}$$

在步骤 $n-1$ 中,压缩面积 N_c 可根据式(E.3)表达为:

$$N_c(n-1) = \frac{1}{2}(1-\beta_n-1)^2 e^2 \cdot b \cdot \left(-\frac{\varepsilon_{n-1}}{\beta_{n-1}e}\right)\cdot E \tag{E.3}$$

对于步骤 $n-1$ 中,拉伸面积 N_t 满足关系式(E.4):

$$\begin{aligned} N_t(n-1) &= \left(-\frac{\beta_{n-1}\cdot e}{\varepsilon_{n-1}}\right)\cdot b \cdot \int_{\varepsilon_{n-1}}^{0}\sigma(\varepsilon)\mathrm{d}\varepsilon \\ &= -\frac{1}{2}\frac{(1-\beta_{n-1})^2}{\beta_{n-1}}e\cdot b\cdot(-\varepsilon_{n-1})\cdot E \end{aligned} \tag{E.4}$$

因此,在步骤 n 中,$N_t(n)$ 可使用式(E.5)来确定:

$$N_t(n) = \left(-\frac{\beta_n \cdot e}{\varepsilon_n}\right) \cdot b \cdot \int_{\varepsilon_n}^{0} \sigma(\varepsilon)\,d\varepsilon$$

$$= -\frac{\beta_n \cdot e}{\varepsilon_n} \cdot b \cdot \int_{\varepsilon_{n-1}}^{0} \sigma(\varepsilon)\,d\varepsilon - \frac{\beta_n \cdot e}{\varepsilon_n} \int_{\varepsilon_n}^{\varepsilon_{n-1}} \sigma(\varepsilon)\,d\varepsilon \qquad (E.5)$$

上式可写成式(E.6):

$$-\frac{1}{2}\frac{(1-\beta_n)^2}{\beta_n} e \cdot b \cdot (-\varepsilon_n) \cdot E$$

$$= \frac{1\beta_n}{2\varepsilon_n} \cdot \frac{(1-\beta_{n-1})^2}{(\beta_{n-1})^2} \cdot (\varepsilon_{n-1})^2 \cdot e \cdot b \cdot E - \frac{\beta_n}{\varepsilon_n} \cdot \frac{\sigma_n + \sigma_{n-1}}{2} \cdot (\varepsilon_{n-1} - \varepsilon_n) \cdot e \cdot b \qquad (E.6)$$

通过上式,根据可用 $\varepsilon_{mes,n}$ 或 χ_n 和 β_n 的函数求得 ε_n 的事实,能够推导出 σ_n 与 β_n 之间的直接关系。

对于步骤 n,式(E.7)给出弯矩的表达式:

$$M = M_c + M_t$$

$$= \frac{e^3}{3} \cdot (1-\beta_n)^3 \cdot b \cdot \chi_n \cdot E + \left(\frac{1}{\chi_n}\right)^2 \cdot$$

$$\sum_{i=1}^{n} (\varepsilon_{i-1} - \varepsilon_i) \frac{(2\varepsilon_i + \varepsilon_{i-1}) \cdot \sigma_i + (2\varepsilon_{i-1} + \varepsilon_i) \cdot \sigma_{i-1}}{6} \cdot b \qquad (E.7)$$

因此 M_n 是 σ_n、β_n 和 ε_n(或 χ_n)的函数。ε_n 由 $\varepsilon_{mes,n}$ 或 χ_n 和 β_n 得到。由于 σ_n 是 β_n 的函数,弯矩 M_n 可直接表达为 β_n 的函数,通过一个方程一个未知量,可以推测出 3 个未知量 ε_n、σ_n 和 β_n。

通过上述处理,可以对超高性能混凝土的拉伸本构特性曲线进行分段线性描述。该描述相当于通过相应曲线,提供一组与特征应变值相关的应力值。也可以对平均曲线进行类似的简化表示。与这些简化表示相关的应力值应精确至 0.1MPa。

特别是,由应变 ε_{el} 和弹性极限 $f_{ctk,el}$,裂后强度 $f_{ctf,k}$ 和极限应变 ε_{lim} 确定的特征曲线的双线性化,可基于标准计算方法进行,即 NF P 18-710:2016 中 3.1.7.3.3 定义的"规则 2",裂后强度除以附录 F 中规定的取向系数 K,以及对于极限状态由系数 $1/\gamma_{cf}$ 确定。

E.4.3 简化表示

对于承受简单弯曲或弯曲-压力组合且截面上无平均拉伸的构件,可根据图 E.5 所示曲线,运用 E.4.1 和 E.4.2 简化得到的平均曲线和特征曲线的本构关系。

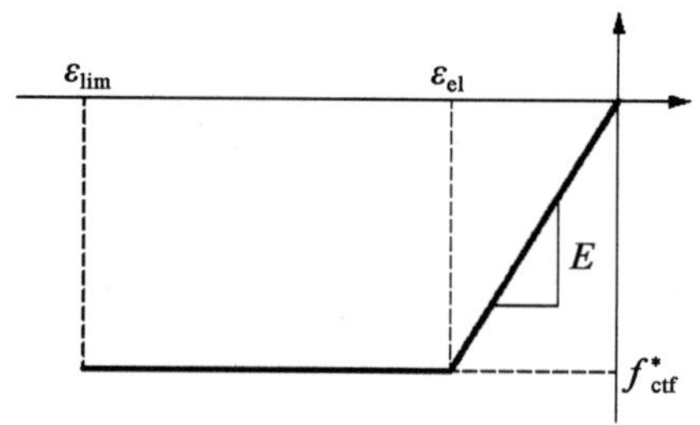

图 E.5 简化关系

所采用的弹性模量 E 应根据 E.4.1 确定，弹性应变极限 ε_{el}应根据下面确定的开裂后应力极限 f^*_{ctf}推导。

进行以下的简化倒推分析，保证恒定弯矩区时的曲率、挠度和跨度之间的弹性关系(E.8)：

$$\delta = \frac{23}{216}\chi p^2 \tag{E.8}$$

f^*_{ctf}和 ε_{lim}应根据所考虑曲线最大弯矩 M 下获得的应变和应力状态进行计算(图 E.6)。

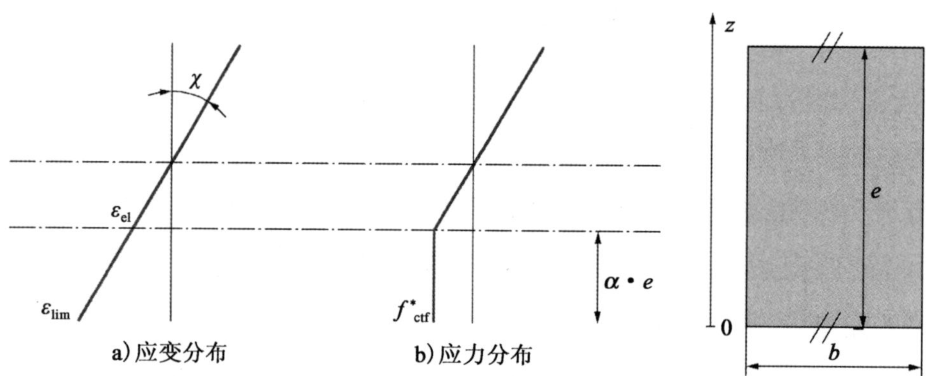

图 E.6 应变和应力的简化分布

根据式(E.9)和式(E.10)，应力表示为深度 z、裂缝深度 $\alpha \cdot e$ 和 f^*_{ctf}的函数：

$$\sigma(z) = f^*_{ctf} \quad 若 0 \leqslant z \leqslant \alpha \cdot e \tag{E.9}$$

$$\sigma(z) = f^*_{ctf} + (z - \alpha \cdot e) \cdot \chi \cdot E \quad 若 \alpha \cdot e \leqslant z \leqslant e \tag{E.10}$$

轴向力 N 和弯曲力矩 M 可根据式(E.11)和式(E.12)分别表示：

$$N = b \cdot e \cdot f^*_{ctf} + \frac{1}{2} b \cdot (1-\alpha)^2 \cdot e^2 \cdot \chi \cdot E \tag{E.11}$$

和

$$M = b \cdot \frac{e^2}{2} \cdot f^*_{ctf} + b \cdot \left(\frac{1}{3} - \frac{\alpha}{2} + \frac{\alpha^3}{6}\right) \cdot e^3 \chi \cdot E \tag{E.12}$$

在 $N = 0$ 的情况下，我们得到式(E.13)：

$$M=(2\alpha^3-3\alpha^2+1)\cdot\frac{b\cdot e^3\chi\cdot E}{12} \qquad (E.13)$$

已知 M 和 χ,我们得到 α,从中可以得出式(E.14)和式(E.15):

$$f_{ctf}^{*}=-\frac{1}{2}(1-\alpha)^2\cdot e\cdot\chi\cdot E \qquad (E.14)$$

和

$$\varepsilon_{lim}=-\chi\cdot\alpha\cdot e+\frac{f_{ctf}^{*}}{E} \qquad (E.15)$$

f_{ctf}^{*}的值应精确至0.1MPa。

附录 F
(规范性)
通过弯曲拉伸试验确定取向系数 *K*

F.1 引言

通过与理想情况下纤维在结构中以三维各向同性的方式随机分布的情况进行比较,使其提供与试样相同的裂后抗拉能力贡献,在适用性试验中确定取向系数 *K*,使得考虑纤维在实际结构中的分布和有效取向成为可能。

在试样上获得的试验结果曲线的非线性部分(根据构件的几何特征运用附录 D 或附录 E 确定)应乘以比率 1/*K*,如有必要,对图 F.1 中所示的线性部分和非线性部分的最大值(裂后强度,表示为 f_{ctf})进行线性连接,从而消除与局部最小值相关的人为操作影响。如果非线性部分的局部最大值不满足要求,则应通过将应力限制在 f_{ctf} 值(通常对应 0.3mm 的裂缝)来进行连接。

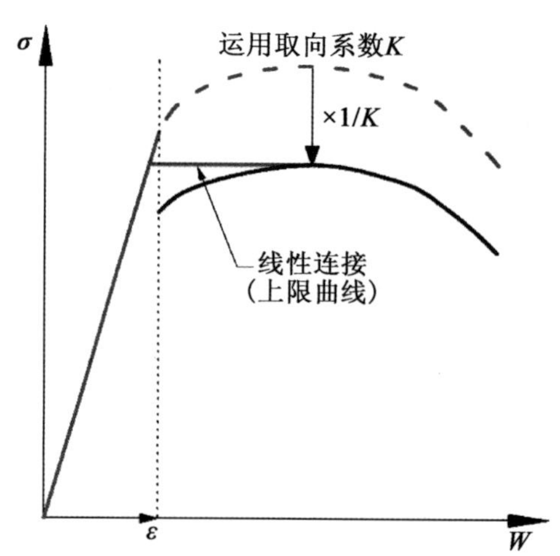

图 F.1 取向系数 *K* 的应用

该曲线应作为正常使用极限状态下的设计参考曲线,并除以 UHPFRC 拉伸分项系数 γ_{cf},作为极限状态下的设计参考曲线。

取向系数 K 应通过比较从结构中取样的板或棱柱,以及在适用性试验中从同一制造商取得的按相同尺寸成型的板或棱柱的抵抗矩来确定;它们通过对比结构的主要拉伸方向来确定,且与结构的相应部分在纤维的位置和方向上是一致的(芯、板、底部横梁、锚固区域等)。

F.2 确定方法

适用性试验应包括:根据标准制定者、UHPFRC 用户、主承包商和负责研究的人员共同制定和批准的抽样方案,由本标准 7.3 中提到的代表性模型确定取向系数 K。该抽样方案应考虑结构可能受到的内部拉力的方向。根据附录 D 或附录 E,由构件的几何特征,实体模型应按照结构的每个部分和相关的拉伸方向,至少取 6 块板或棱柱。这些板或棱柱的几何特征与(数量相等的)模型构件相同,且与拉伸性能特征相关。应根据本标准附录 D 或附录 E 中与最长纤维尺寸相关的厚度要求,对这些试样(通常采用锯切法)进行试验,以避免脆性。在任何情况下,试件的两侧应为锯面或模面。D.6 中所述的修正应用于所有结果。

根据所考虑结构的方向和部分,用 K_{global} 表示在模具成型试样上获得的弯矩-挠度曲线峰值平均值与在锯取板或棱柱上获得的弯矩-挠度曲线峰值平均值之间的比值。

根据所考虑结构的方向和部分,用 K_{local} 表示在模具成型试样上获得的弯矩-挠度曲线峰值平均值与在锯取板或棱柱上获得的弯矩-挠度曲线峰值最小值之间的比值。

K_{global} 的最小值和最大值分别为 1.0 和 2.0,K_{local} 的最小值和最大值分别为 1.0 和 2.5。

当涉及拉伸性能的检查不仅与一个方向有关时,可独立考虑各个拉伸方向的取向系数 K,然后应取在结构给定部分的各个相关方向上获得的 K 值的最大值。

在初步研究设计中,当所考虑的 UHPFRC 的合格证中的相关数据缺失时,可采用以下数值:

$$K_{global} = 1.25 \qquad K_{local} = 1.75$$

附录 G
(规范性)
预混料组分生产控制

用于生产 UHPFRC 的预混料组分,应根据质量保证规范生产,并接受预混料供应商的内部检查。程序应包括:

a)根据定期更新的产品技术数据表,对预混料的组分进行控制,并定期补充检验测试;

b)根据 5.1.10 所述目标对预混料组成的符合性进行控制;

c)对预混料样品进行控制,如下所述;

d)在发生偏差时,指定纠正措施。

在预混料的生产期内不可生产其他类型的预混料。这由一系列预混生产操作组成(生产的体积取决于所用的搅拌机)。为了便于追溯,应使用代码标识每批预混料。这种可追溯性应将生产批次与生产过程中的活动以及生产操作联系起来。

应根据生产活动期间的生产操作数量(无论体积大小)确定预混料上的控制样品数量。生产活动的第一次操作应进行系统抽样,以便进行控制。在正常控制条件下,样品应按表 G.1 所示进行。相对于 NF EN 13369:2013 附录 D 中的正常水平,控制水平可降低或加强。

表 G.1 生产控制取样数量

生产活动中的操作数	1	2 ~ 9	10 ~ 19	20 ~ 29	30 ~ 39	40 ~ 79	≥80
需要检验的样品数量	1	2	3	4	5	8	1/10 次

应对一种控制材料进行控制,该材料须源自 UHPFRC 的一种预混料,且该材料应有合格证(见 5.1.10)。应在预混料生产者的质量手册中规定预混料的组成、生产工艺和试验程序。控制材料的成分应包括待取样的预混料,以及在质量手册所述的须进行试验的新材料或硬化材料成分。

每个预混料样品应严密包装,给出参考号,并仅用于一次控制材料混合制作过程中。应根据质量手册中描述的方法,使用该混合物进行以下测量:

—稠度检查；

—根据本标准的附录 C 进行抗压强度检测。

这些检查结果的目标值和公差应使参考 5.4.1 和 5.4.2 中提到的试验获得的控制材料制成的 UHPFRC 的合格证中描述的性能曲线得到满足。

除了对一些样品进行试验外，还可以对颜色、混合过程中的温升、新拌时控制材料的密度或凝固时间进行检查。获得这些检查结果的时限，应与交付目标值时限一致。

在为检查而采集的样品中，须采集保留一个样品，在通常的储存条件下，由预混料供应商保存至少 6 个月。

预混料供应商的质量控制体系应使不符合该体系目标值的批次在称重阶段或 UHPFRC样品检查阶段被剔除。如果额外的调查不能解决问题，不符合要求的批次将被排除在预混料生产使用之外。

应通过第三方进行的检查来补充用于制造 UHPFRC 构件的预混料生产的内部质量控制。

附录 H
（资料性）
高加载速率下的行为

UHPFRC 的冲击强度与水泥基体强度随加载速率增加而增加，纤维在微开裂阶段的能量耗散也随加载速率的增加而增加。这可能构成一个有用甚至关键的特性，具体取决于项目。用于计算冲击的方法（等效静态计算、显式动态计算等）是与瞬时动态强度（在高应力状态）相关的，如果合格证中没有提供，那么在设计阶段确定高速拉伸、压缩和弯矩的性能是非常必要的。

利用这些试验的结果，使强度随加载速率增加而增加的规律（例如强度比等于加载速率比的幂函数，或假定强度或峰后拉伸应力随加载速率以半对数比例线性增加）或 UHPFRC 失效准则（以黏性应变硬化的塑性模型为例）能够进行校准。NF P 18-710：2016 提供了有关冲击设计方法和设计值的信息，描述了力学性能随应变率的变化。

附录 I
（资料性）
水力磨损试验

I.1 原理和结果表达

具有代表性的含砂水流磨损试验在两块厚度为(24.5 ±0.5)mm 的玻璃板之间进行，将含砂水流以 45°的角度喷射到 3 个待试验的 UHPFRC 试样中。

注：将这些板作为参考，以考虑砂和喷射磨损所造成的变化。

实际上，进行此试验的 UHPFRC 试样的最小厚度宜为 30mm，且宜由沿每侧至少 100mm 的板或直径至少 100mm 的圆柱体组成。裸露的表面是模具底部的平面。试验在 28d 龄期时进行，TT2 或 TT1 +2 型 UHPFRC 除外，这些试验在热处理后进行。

试验持续时间为(75 ±1)min。将射流在 3 个 UHPFRC 试样中产生的印记与作为参考的玻璃试样中获得的印记进行比较，以确定磨损指数：

$$I = V/V_0$$

式中：V_0——玻璃上印记的平均体积；

V——UHPFRC 上印记的平均体积。

I.2 试验台的操作

磨损试验台的工作原理如图 I.1 所示，其工作原理如下：

a)将试样浸入池中。它的表面受到一股与表面夹角大约为 45°的水砂混合物的冲击。

b)产生射流的喷射器本身是浸没的，它包括：

1)一个直径为(20 ±2)mm 的中心喷嘴，位于距离试样(62 ±2)mm 处，并从泵处提供 3.0bars 压力的水；

2）侧面进砂口。悬浮在水中的砂子被漩涡效应从中央喷嘴喷出的射流吸上来；

3）用于磨损试样的砂是非常纯净的硅质砂（$SiO_2 \geqslant 97\%$），其中 95% 的粒径介于 1.0mm 和 4.0mm 之间。当玻璃上的印记体积减小到使用新砂获得的初始体积的（60% ±5%）时，宜换砂。

c）砂子落回池底，再次被吸入并返回喷射器。

d）用摄影测量法测量每个印记的体积；对每个样品进行两次连续测量，差异不宜超过 5%。否则，忽略试验，寻找、识别和处理产生偏差的原因，并重复试验。

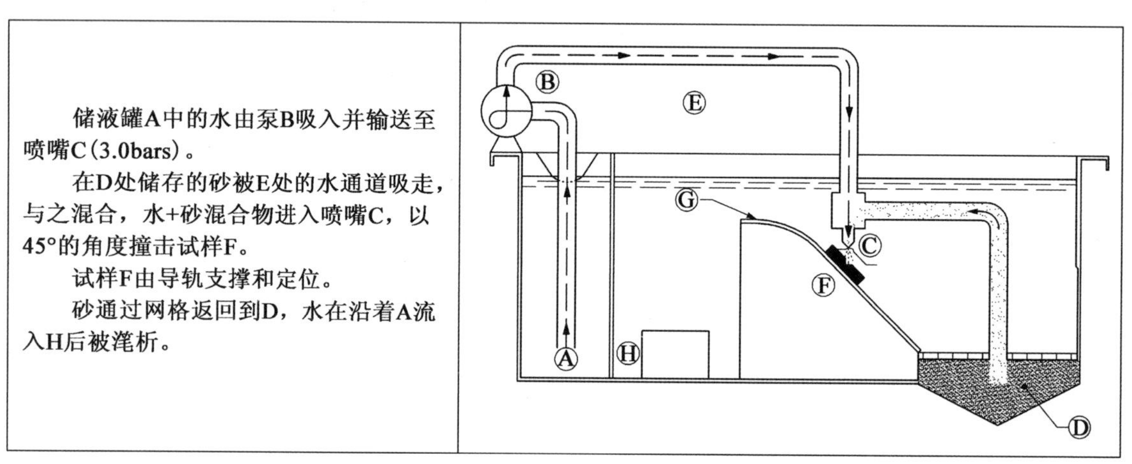

图 I.1　磨损试验台的工作原理

基准玻璃的厚度宜为（24.5 ±0.5）mm，密度宜在 2400kg/m³ 和 2600kg/m³ 之间，努氏硬度宜约为 500。

参 考 文 献

[1] Ultra-high performance fibre-reinforced concretes, Recommendations. AFGC(French-English revised edition, June 2013)

[2] NF EN 13670/CN, Exécution des structures en béton—Complément national à la NF EN 13670:2013

[3] Recommendations for preventing disorders due to Delayed Ettringite Formation, LCPC, August 2007-English version published in May 2009

[4] Guides préparés par I'Ecole Francaise du Béton (2010—2012) Guides available on the site :http;//www. efbeton. com/site/publications/bibliographie;

—"Guides for selecting exposure classes of cast in place or precast building structures"

—"Guide for selecting exposure classes of concrete bridges"

—"Guide for selecting exposure classes of maritime and fluvial structures"

—"Guide for selecting exposure classes of road equipment structures"

—"Guide for selecting exposure classes of excavated road tunnels"

—"Guide for selecting exposure classes of covered trenches, galleries, caps and submerged caissons"

—"Guide for selecting exposure classes of varied civil engineering structures"

[5] Concrete design for a given structure service life, AFGC, 2004-April 2007 for the English version.

[6] Méthode d'essais des LPC n66, Réactivité d'un béton vis-à-vis d'une réaction sulfatique interne. Essai de performance, Techniques et méthodes des laboratoires des ponts et chaussées, LCPC (2007)

[7] RILEM TC 200-HTC: Mechanical concrete properties at high temperatures-Modeling and applications, Part 1: Introduction-General presentation, Materials and Structures, 40(9), 841-853(2007)

[8] RILEM TC 129-MHT: Test methods for mechanical properties of concrete at high temperatures, Recommendations, Part3: Compressive strength for service and accident conditions, Materials and Structures, 28(7), 410-414(1995)

[9] RILEM TC 129-MHT: Test methods for mechanical properties of concrete at high temperatures, Recommendations, Part5: Modulus of elasticity for service and accident conditions, Materials and Structures, 37(2), 139-144(2004)

[10] RILEM TC 129-MHT: Test methods for mechanical properties of concrete at high temperatures, Recommendations, Part6: Thermal strain, Materials and Structures, 30(Issue 1-supplement), 17-21(1997)

[11] RILEM TC 129-MHT: Test methods for mechanical properties of concrete at high temperatures, Recommendations, Part7: Transient creep for service and accident conditions, Materials and Structures, 31(5), 290-295(1998)